中国南方电网有限责任公司
电网工程造价专业培训教材

电网建设工程
定额计价应用100例

李庆江　主编

中国电力出版社
CHINA ELECTRIC POWER PRESS

图书在版编目（CIP）数据

电网建设工程定额计价应用 100 例 / 李庆江主编. —北京：中国电力出版社，2022.11
中国南方电网有限责任公司电网工程造价专业培训教材
ISBN 978-7-5198-7208-3

Ⅰ. ①电… Ⅱ. ①李… Ⅲ. ①配电系统–电力工程–工程造价–技术培训–教材
Ⅳ. ①TM727

中国版本图书馆 CIP 数据核字（2022）第 213750 号

出版发行：中国电力出版社
地　　址：北京市东城区北京站西街 19 号（邮政编码 100005）
网　　址：http://www.cepp.sgcc.com.cn
责任编辑：岳　璐　马雪倩
责任校对：黄　蓓　常燕昆
装帧设计：郝晓燕
责任印制：石　雷

印　　刷：三河市万龙印装有限公司
版　　次：2022 年 11 月第一版
印　　次：2022 年 11 月北京第一次印刷
开　　本：710 毫米×1000 毫米　16 开本
印　　张：9.75
字　　数：116 千字
印　　数：0001—1000 册
定　　价：50.00 元

编 委 会

前　言

　　《电网工程建设预算编制与计算规定》《20kV 及以下配电网工程建设预算编制与计算规定》及其配套定额自发布实施以来，在规范电力工程投资建设行为和维护工程建设各方利益方面起到了积极作用。在定额使用期间，中国南方电网有限责任公司电力建设定额站（以下简称"南网定额站"）广泛收集行业内相关单位和人员对于电力定额的使用问题，开展解释答疑工作。为了使电力技术经济人员更好地理解和使用定额，南网定额站从收集资料中整理有代表性的案例，梳理整理后形成此培训教材。

　　培训教材针对《电网工程建设预算编制与计算规定》《20kV 及以下配电网工程建设预算编制与计算规定》及对应定额的相关内容，分为定额适用范围与编制依据、工程量计算规则与定额含量、定额价格水平、取费相关内容、其他定额使用和管理问题五个部分，包括定额使用规则、定额工程量计算原则、人材机价格调整、预规取费、项目管理等方面内容，采用提出问题、分析问题、解决建议、延伸思考的形式。

　　本教材仅供学习培训使用，不应用于其他用途，不代替电力工程造价与定额管理总站最后解释。

目　录

第 1 章　定额适用范围与编制依据

根据《建设工程定额管理办法》（建标〔2015〕230 号），定额是指在正常施工条件下完成规定计量单位的合格建筑安装工程所消耗的人工、材料、施工机具台班、工期天数及相关费率等的数量基准。在社会生产中，为了生产某一合格产品或完成某一工作成果，都要消耗一定数量的人力、物力和资金。从个别的生产过程来考察，这种消耗数量因受各种生产条件的限制，是各不相同的。

定额是一种计价工具，因此同样具有与实体工具类似的使用条件。对于定额使用者而言，需要学会区分使用定额的边界条件，如定额的适用范围、编制定额依据的技术规程规范、定额包含的工作内容及范围、定额某个名词所包含的具体含义等。希望学员通过本章案例可以熟悉使用定额的方法和原则。

1.1　10kV 开关柜工程适用依据（DE-1-1）

【案例描述】

某 110kV 变电站扩建 10kV 开关柜工程在初步设计阶段编制概算书时，概算编制单位与评审单位对于概算编制应采用哪套计价标准发生争议。概算编制单位认为应使用《电网工程建设预算编制与计算规定》进行编制，但评审单位认为应使用《20kV 及以下配电网工程建设预算编制与计算规定》进行编制。双方对此产生争议。

【案例分析】

目前现行定额中，涉及 10kV 开关柜安装内容的计价标准包括：《电网工程建设预算编制与计算规定》《20kV 及以下配电网工程建设预算编制与计算规定》《电网技术改造工程预算编制与计算规定》，其中各计价标准适用范围如下：

《电网工程建设预算编制与计算规定》适用于各种投资渠道投资建设的 35～1000kV 交流输变电（串联补偿）工程，±1100kV 及以下直流输电工程、换流站工程，以及通信工程的新建、扩建和改建工程。

《20kV 及以下配电网工程建设预算编制与计算规定》适用于各种投资渠道投资建设的 20kV 及以下配电网新建和扩建工程。

《电网技术改造工程预算编制与计算规定》适用于电压等级 0.4～1000kV 交流输电工程、变电工程、配电工程，±800kV 及以下直流输电工程、换流站工程，以及通信工程等技术改造工程。

在该案例中的工程内容为变电站内扩建 10kV 开关柜，属于在变电站内增加开关柜设备，扩大生产规模，因此不属于配电网工程和技术改造工程所对应的范围。

【解决建议】

（1）该案例工程应使用《电网工程建设预算编制与计算规定》进行编制。

（2）技术经济人员应对各计价标准适用范围有明确、清晰的认识。

【延伸思考】

技术改造是指利用国内外成熟且适用的先进技术、设备、工艺和材料等，以提高生产性能，增强其稳定性、安全性、可靠性、经济性为目的，对现有的生产设备、设施，以及配套的辅助设施等进行完善、配套或整体更新。例如将变电站原有 10kV 油断路器柜更换为 SF$_6$ 断路器柜或者真空断路器柜。

1.2　某营销工程适用依据（DE-1-2）

【案例描述】

某低压集抄改造工程在可行性研究阶段编制估算书时，估算编制单位与评审单位对于估算编制应采用哪套计价标准发生争议。估算编制单位认为应使用《电网技术改造工程概算定额》进行编制，但评审单位认为应使用《20kV 及以下配电网工程建设预算编制与计算规定》进行编制。对此双方产生争议。

【案例分析】

低压集抄改造工程属于技术改造工程范围的营销专业，其工作内容包括低压集抄系统设备、材料安装及调试等内容，因此应该执行《电网技术改造工程预算编制与计算规定》相关规定，但《电网技术改造工程概算定额》缺少与营销专业相对应的定额。根据《电网技术改造工程预算编制与计算规定》的规定，应优先参考使用相似工艺的定额；在无相似或可参考子目时，可根据类似项目的建设工程定额套用。当时施行的《20kV 及以下配电网工程建设预算定额》中有低压集抄等营销专业相应的内容，因此应根据上述规定选用《20kV 及以下配电网工程建设预算定额》的子目。

【解决建议】

由于《电网技术改造工程概算定额》缺少营销专业的内容，因此营销工程估算编制可参考《20kV 及以下配电网工程建设预算定额》相应的定额子目，同时工程取费也应按《20kV 及以下配电网工程建设预算编制与计算规定》的规定执行。

【延伸思考】

在使用《20kV 及以下配电网工程建设预算定额》的定额计算直接工程费后，还需要执行《20kV 及以下配电网工程建设预算编制与计算规定》的取费标准计算工程费用，每套定额都需与其预规（建设预算编制与计算规定的简称）配套使用。

1.3　电缆局部放电试验定额编制依据（DE-1-3）

【案例描述】

某新建变电站工程于 2015 年编制施工图预算，计价依据采用《电网工程建设预算编制与计算规定》。业主单位提出，根据当地电力公司要求，变电站内采用的 10kV 联络大截面电缆需进行电缆局部放电试验，此费用不包括在目前计价定额范围内，应另外补充调试费用；但预算审核单位认为定额既然是依据技术规范进行编制的，则定额价格内已含此试验费用，如果另补电缆局部放电试验费用会与定额费用重复。双方对此产生争议。

【案例分析】

首先，预算审核单位犯了一个比较重要的概念性错误，即定额编制依据的技术规范受时间限制。具体来说，定额和技术规范都是随着社会施工技术的发展进步需要不停更新，每版定额修编时，是以当时正在实行的技术规范为基础进行编制的；但对于本次定额发布后再发行的新技术规范与旧规范相比增加的内容，只能待下次定额修编时才能增加到定额中，如此不停循环。因此该案例的问题归纳起来，主要是当时现行定额的编制依据、技术规范是否已经包含了电缆局部放电试验内容的问题，解决办法是可以根据定额编制依据、工作内容等资料加以甄别。

《电力建设工程预算定额　第三册　电气设备安装工程》（2018年版）该定额的编制依据如下：

（1）GB/T 14285—2006《继电保护和安全自动装置技术规程》。

（2）GB 50150—2006《电气装置安装工程电气设备交接试验标准》。

（3）GB 50147—2010《电气装置安装工程高压电器施工及验收规范》。

（4）GB 50148—2010《电气装置安装工程电力变压器、油浸电抗器、互感器施工及验收规范》。

（5）GB 50149—2010《电气装置安装工程母线装置施工及验收规范》。

（6）GB 50150—2006《电气装置安装工程电气设备交接试验标准》。

（7）GB 50168—2006《电气装置安装工程电缆线路施工及验收规范》。

（8）GB 50169—2006《电气装置安装工程接地装置施工及验收规范》。

（9）GB 50170—2006《电气装置安装工程旋转电机施工及验收规范》。

（10）GB 50171—2012《电气装置安装工程盘、柜及二次回路接线施工及验收规范》。

（11）GB 50172—2012《电气装置安装工程蓄电池施工及验收规范》。

（12）GB 50173—1992《电气装置安装工程35kV及以下架空电力线路施工及验收规范》。

（13）GB 50256—1996《电气装置安装工程起重机电气装置施工及验收规范》。

（14）GB 50257—1996《电气装置安装工程爆炸和火灾危险环境电气装置施工及验收规范》。

（15）GB/T 50832—2013《1000kV 系统电气装置安装工程电气设备交接试验标准》。

（16）DL/T 448—2016《2000 电能计量装置检验规程》。

（17）DL 5009.1—2014《2002 电力建设安全工程规程（火力发电厂部分）》。

（18）DL/T 5161.16—2014《2002 电气装置安装工程质量检验及评定规程第 16 部分：1kV 及以下配线工程施工质量检验》。

（19）DL/T 5161.17—2018《2002 电气装置安装工程质量检验及评定规程第 17 部分：电气照明装置施工质量检验》。

（20）DL 5190.4—2012《电力建设施工及验收技术规范 第 4 部分：热工仪表及控制装置》。

（21）DL/T 5437—2009《火力发电建设工程启动试运及验收规程》。

（22）DL/T 1473—2016《电测量指示仪表检定规程》。

《电力建设工程预算定额 第三册 电气设备安装工程》（2018 年版）中的10kV 电缆调试内容，依据 GB 50150—2006《电气设备交接试验标准》进行编制，该标准中的"18 电力电缆线路 18.0.1 电力电缆的试验项目"包括下列内容：

（1）测量绝缘电阻。

（2）直流耐压试验及泄漏电流测量。

（3）交流耐压试验。

（4）测量金属屏蔽层电阻和导体电阻比。

（5）检查电缆线路两端的相位。

（6）充油电缆的绝缘油试验。

（7）交叉互联系统试验。

该标准在 2016 年进行了修编，GB 50150—2016《电气设备交接试验标准》补充了电缆局部放电试验的内容：

"17.0.1 电力电缆线路的试验项目"应包括下列内容：

（1）主绝缘及外护层绝缘电阻测量。

（2）主绝缘直流耐压试验及泄漏电流测量。

（3）主绝缘交流耐压试验。

（4）外护套直流耐压试验。

（5）检查电缆线路两端的相位。

（6）充油电缆的绝缘油试验。

（7）交叉互联系统试验。

（8）电力电缆线路局部放电测量。

由两个版本的《电气设备交接试验标准》对比可见，电缆的局部放电试验属于 2016 年规范新增加的内容，而在《电力建设工程预算定额 第三册 电气设备安装工程》（2018 年版）编制时期依据的 GB 50150—2006《电气设备交接试验标准》及其他规范中由于没有相应要求，因此定额编制时以 GB 50150—2006《电气装置安装工程电气设备交接试验标准》为基础，显然未包括相关内容，不存在重复情况。

【解决建议】

《电力建设工程预算定额 第三册 电气设备安装工程》（2018 年版）的电缆调试所依据的技术规程规范不含电缆局部放电试验的工作内容，应根据经批准后的电缆局部放电试验方案另行计算费用。

【延伸思考】

随着社会技术水平的不断发展、新技术新工艺新设备新材料的不断涌现，相应的技术规范也会不停进行调整，这也是每次定额修编工作的主要工作之一。对于定额使用者，只有深入理解定额对应的技术规范的相关内容，才能对定额所包含的范围和界限有更清晰的认识。电缆局部放电试验在《电网工程建设预算编制与计算规定（2018 年版）》中已增加相关内容。

1.4　屏柜垂直运输的计列方式问题（DE－1－4）

【案例描述】

某地下变电站电气安装工程，采用《电力建设工程预算定额　第三册　电气设备安装工程》（2018 年版）进行结算，施工单位与结算审核单位就二次屏柜由施工现场仓库垂直运输到地下变电站安装位置的费用是否应另行计算产生争议。施工单位主张应另行计算；结算审核单位认为不应计算，应含在定额工作内容中。

【案例分析】

施工单位认为，根据《电力建设工程预算定额　第三册　电气设备安装工程》"工作内容：本体就位，找正、找平，固定，屏、柜内元器件安装及校线，接地，补漆"，定额工作内容从本体就位开始，未包括屏柜垂直运输的相关描述，因此垂直运输费用应另行计算。

结算审核单位认为，根据《电力建设工程预算定额　第三册　电气设备安装工程》（2013 年版）中规定，除各章另有说明外，均包括施工准备，设备开箱检查，场内运搬，脚手架搭拆、设备及装置性材料安装，施工结尾、清理，整理、编制竣工资料，配合分系统试运、质量检验及竣工验收等。场内运搬是指设备、装置性材料及器材从施工组织设计规定的现场仓库或堆放地点运至施工操作地点的水平及垂直搬运。因此认为垂直运输费用不应另行计算，定额已含。

【解决建议】

同意结算审核单位意见，《电力建设工程预算定额　第三册　电气设备安装工程》（2013 年版）的地下变电站垂直运输已含在设备安装定额中。

【延伸思考】

此原则在《电力建设工程预算定额　第 3 册　电气设备安装工程》（2018年版）已发生变化，地下变电站垂直运搬在 2018 年版定额中允许另计。详见《电力建设工程预算定额　第三册　电气设备安装工程》（2018 年版）中"除各章另有说明外，均包括施工准备，设备开箱检查，场内运搬，脚手架搭拆、设备及装置性材料安装，设备标识牌安装，施工结尾、清理，整理、编制竣工资料，配合分系统试运、质量检验及竣工验收等。除需单独计列的特殊试验项目外，定额中已经包括了相应的单体调试。单体调试是指设备在未安装时或安装工作结束而未与系统连接时，按照电力建设施工及验收技术规范的要求，为确认其是否符合产品出厂标准和满足实际使用条件而进行的单机试运或单体调试工作。场内运搬是指设备、装置性材料及器材从施工组织设计规定的现场仓库或堆放地点运至施工操作地点的水平及垂直运搬。地下变电站垂直运搬另计。

1.5 材料预留量与损耗的关系问题（DE-1-5）

【案例描述】

某变电站电气安装工程，采用《电力建设工程预算定额 第三册 电气设备安装工程》（2018 年版）进行结算，施工单位与结算审核单位就电力电缆现场预留接头长度是否应计算材料费，双方产生争议。施工单位主张电缆预留接头长度应计算材料费；结算审核单位认为此材料已含在定额规定的材料损耗率中，不应重复计算。

【案例分析】

施工单位认为，根据《电力建设工程预算定额 第三册 电气设备安装工程》（2018 年版）中规定，主绝缘导线、电缆、硬母线、裸软导线的损耗率中不包括为连接电气设备、器具而预留的长度，也不包括各种弯曲（包括弧度）而增加的长度，这些长度均应计算在工程量的基本长度中，以基本长度为基数再计入损耗量。电力电缆的接头长度是为了与电气设备连接预留，因此应视为工程量的基本长度，在此基础上需另外计算损耗。

结算审核单位认为，由于电缆接头时需剁掉一截电缆后再盘剥电缆外皮制作接头，因此预留接头的电缆长度最终会转化为废料，不属于永久敷设在现场的工作量中，因此应视为材料损失，属于材料损耗中定义的施工操作损耗的范围。

【解决建议】

《电力建设工程预算定额 第三册 电气设备安装工程》（2018 年版）中规

定，电缆敷设按延长米计算，其长度应根据全路径的水平和垂直长度另加按预表 8 – 2 规定的附加长度计算，该表明确了电力电缆终端头预留长度 1.5m 为检修余量且同时规定电缆附加长度是电缆敷设长度的组成部分，应计入电缆敷设工程量之内。

根据上述说明可知，电力电缆接头预留长度应根据定额规定，应为电缆敷设工程量，同时计算施工费、主要材料费、损耗费。

【延伸思考】

电缆长度是结算审核一个由来已久的争议问题，由于电缆波形增加长度、预留量等工程量属于设计规范要求设计人员考虑的内容，但需结合现场实际情况决定，此工作量在设计规范中没有相应计算标准。因此设计人员在设计图纸中，往往通过调整设备材料清册的形式增加此工作量，无法在图纸中具体标识，也由此导致设计图纸"散总不符"的情况出现，这是工业设计的一个特点。

从计价标准的角度上来看，目前从全国建筑工程统一定额到电力建设工程定额中，对于此量如何计算也没有相应标准，定额关于电缆附加长度计算的计算规则是不完整的。因此结算审核单位仅依据图纸、定额计算规则统计的电缆长度是不完整的，不应与设计长度进行比较。

1.6　防潮措施是否包含于定额及取费（DE – 1 – 6）

【案例描述】

某换流站工程原定工期 9 月底前完成换流变压器安装工作，因甲供换流变压器厂家供货延期，到货实际时间为 12 月，该时工程其他电气设备安装均已完成，当地已进入冬季而且现场一直下雨，温度低湿度较大，对换流变压器设备安装环境有一定影响，承包方调整了原计划的施工方案，虽然安装过程不需要增加防潮措施，但换流变压器安装工期预计将比原投标的施工方案增加 2 个月。发包方为了保证工程整体竣工日期不延后（即总工期、原计划竣工日期不因设备晚到货而顺延），要求承包方加快换流变压器安装进度保证总工期。

承包方为了满足发包方要求，需在现场增加防潮措施以压缩换流变压器安装周期。经承包方提供方案并经现场监理会研究讨论确定，各方一致同意搭设防潮棚并进行 24h 除湿处理的措施方案；但结算时发包方与承包方对于防潮棚措施费用是否应计入结算范围发生争议。

【案例分析】

承包方认为，根据费用谁主张谁负责的原则，由于业主供货延后但又要求保证竣工不延期的原因，导致施工单位额外进行的防潮措施应予以另计费用。

发包方认为防潮措施作为换流变压器安装过程中必须要用到的施工步骤，其费用应该已含在定额范围内，不应另计。

根据《电力建设工程预算定额　第三册　电气设备安装工程》（2018 年版）总说明中有相应描述：本定额是在设备、装置性材料等施工主体完整无损，符合质量标准和设计要求，并附有制造厂出厂检验合格证和试验记录的前提下，在正常的气候、地理条件和施工环境条件下，按照施工图阶段合理的施工组织设计，选择常用的施工方法与施工工艺，考虑合理交叉作业条件下进行编制。

根据 GB 50835—2013《1000kV 电力变压器、油浸电抗器、互感器施工及验收规范》其中对于变压器的安装环境湿度是有相应要求的比如图 1-1 所示。

3.5　附　件　安　装

3.5.1　附件安装应符合下列规定：

1　环境相对湿度应小于 80%，在安装过程中应向箱体内持续补充露点低于 −40℃ 的干燥空气，补充干燥空气的速率应符合产品技术文件要求。

2　每次宜只打开 1 处封口，并应用塑料薄膜覆盖，器身连续露空时间不宜超过 8h。每天工作结束应抽真空补充干燥空气直到压力达到 0.01MPa～0.03MPa，持续抽真空时间应符合产品技术文件要求；累计露空时间不宜超过 24h。

图 1−1　GB 50835−2013《1000kV 电力变压器、油浸电抗器、互感器施工及验收规范》对变压器的安装环境湿度的要求

该案例工程所处地区在冬季潮湿多雨，属于比较少见的气候条件，不利于换流变压器设备安装。从该工程招投标阶段的施工方案及计划工期原定 9 月底前完成安装的前提条件可以判断，发承包双方均对当地气候情况有所了解，并已做相应准备以避免设备冬季安装可能带来的一系列问题。但换流变压器厂家延期供货使得原中标施工方案无法实施。

换流变压器厂家延期供货并非承包方责任，在施工合同中约定属于发包方责任，因此对于甲供设备延期供货，正常情况下发包方应予以相应的工期补偿但不需要进行费用补偿，承包方也仅提出因环境导致安装总工期延长但不需要增加费用的第一次调整施工方案。

换流变压器安装定额编制时要考虑全国平均水平的情况，全国大多数地区，或者说大多数变压器安装的环境并不是这种非常潮湿的环境，基本采用压缩空气和热油循环即可达到相应要求了；如果施工环境温度湿度不宜达标时，可以采用延长热油循环时间的做法保证换流变压器安装达标，虽然会增加安装时长，但并不涉及施工费用增加。基本与承包方第一次调整施工方案的思路吻合。

　　而本事项发生的根源在于发包方拒绝了承包方的第一次调整施工方案，并提出为了保证总工期不延长需要压缩换流变压器安装周期的要求，因此导致施工方为了达到此目的需要增加特殊防潮措施以消除当地冬雨季的气候条件影响。此类特殊而非必要的措施项目属于定额及取费均不会考虑的范围，因此属于需要另行额外计算的内容。

【解决建议】

《电力建设工程预算定额　第三册　电气设备安装工程》（2018 年版）未考虑此类特殊防潮措施的内容。应根据现场实际发生由发承包双方另行结算。

【延伸思考】

　　该案例中已知条件原定工期 9 月底前完工，指经查证招投标资料可以确定，发承包双方在招标时对设备供货时间、设备安装时间、当地气候条件等因素均已做相应考虑并在招投标文件中明确体现。由于分析较复杂，本处不再做展开。

第2章 工程量计算规则与定额含量

本章按照建筑工程、电气设备安装工程、输电线路工程、通信工程、调试工程、配电网工程分别对所常见的定额工程量计算时，容易产生争议及疑问的项目进行深入分析，明确工程量计算规则；同时对于非技术经济人员导致的工程量计算有困难的细节，提出一些管理解决建议，希望学员能从中得到启发。

2.1 建筑工程

2.1.1 土方回填争议（DE-2.1-1）

【案例描述】

某 500kV 变电站"三通一平"（"三通"指施工现场通水、通电、通路；"一平"指施工场地平整）工程，施工单位报送土方用于回填的购土工程量与审核单位存在争议。争议主要包括：施工单位按照购土的现场堆土体积工程量计算，并据此申请结算；审核单位提出应按照图示尺寸，并按《电力建设工程预算定额 第一册 建筑工程》中附录 F 土石方松实系数表计算工程量。

【案例分析】

双方认定外购土的工程量应按照松散体积计算。

施工单位上报的现场堆土体积为现场实测体积，与定额规定的按照松散系数换算的工程量存在差异。

《电力建设工程预算定额　第一册　建筑工程》（2018年版）中规定的计算规则为：回填工程量是按图示计算以挖掘前的自然密实体积计算。如工程需要根据其他体积计算土石方工程量时，按《电力建设工程预算定额　第一册　建筑工程》中附录F土石方松实系数进行换算。即外购土工程量根据工程量计算规则计算自然密实体积，并按《电力建设工程预算定额　第一册　建筑工程》中附录F土石方松实系数表进行换算。经查询，土方的松散系数为1.33。购土结算工程量应为密实体积乘以1.33。

【解决建议】

应按《电力建设工程预算定额　第一册　建筑工程》（2018年版）中回填工程量计算规则按照定额规定计算自然密实体积，当发生挖沟土石方时，外购土石方量按《电力建设工程预算定额　第一册　建筑工程》中附录F土石方松实系数表计算松散体积，即购土结算工程量应为密实体积乘以1.33。

2.1.2　概算定额中毛石混凝土换填（DE-2.1-2）

【案例描述】

某工程执行《电力建设工程概算定额　第一册　建筑工程》（2018年版），设计图纸中设备基础垫层下设置有毛石混凝土，在结算过程中，施工单位认为应将毛石混凝土并入混凝土基础中，计算挖土方时按照毛石混凝土底面积及毛石混凝土底标高到室外地坪标高计算体积。结算过程中审核单位认为毛石混凝土为地基换填工程，套用换填定额。

【案例分析】

该案例中问题源于对地基处理和垫层理解的偏差性。垫层下毛石混凝土应属于地基处理工程，套用"换填"概算定额。同时，概算定额相关章节说明：地基处理定额包括了被处理的土方施工费用，不包括特殊防腐费用。根据此规定，"换填"定额子目中已经包含了被处理土方的施工费用，因此不应再单独计算挖土方工程量。

【解决建议】

明确基础垫层与地基处理的区别。在结算过程中将毛石混凝土套用"换填"概算定额，同时不再单独计列换填对应的挖土方工程量。

2.1.3　复杂地面定额是否包含沟道盖板制作及安装（DE-2.1-3）

【案例描述】

某变电站土建工程初步设计概算中，主控通信楼部分计列"复杂地面"费用，另计列室内电缆沟钢筋混凝土盖板费用。具体概算编制情况见表 2-1。

表 2-1　　　　　　　　　　　　　某工程复杂地面概算

序号	编制依据	项目名称	单位	数量（m²）	建筑费单价		建筑费合价	
					金额（元）	其中工资（元）	金额（元）	其中工资（元）
		建筑工程						
一		主要生产工程						
1		主要生产建筑						
1.1		主控通信楼						
1.1.1		一般土建						

续表

序号	编制依据	项目名称	单位	数量（m²）	建筑费单价		建筑费合价	
					金额（元）	其中工资（元）	金额（元）	其中工资（元）
	换 GT3-26	复杂地面 自流平涂料面层	m²	632.500	300.04	68.77	189 775	43 497
	GT3-29	复杂地面 防静电地板	m²	165.000	432.03	88.04	71 285	14 527
	YT5-128	预制角钢框混凝土盖板制作	m³	5.200	2777.79	810.71	14 445	4216
	YT5-168	现场制作地沟盖板安装	m³	5.200	54.48	32.57	283	169

由表 2-1 可知，概算编制单位在套用概算定额"GT3-26 复杂地面 自流平涂料面层""GT3-29 复杂地面 防静电底板"的基础上以预算定额"YT5-128 预制角钢框混凝土盖板制作""YT5-168 现场制作地沟盖板安装"补充室内电缆沟钢筋混凝土盖板制作及安装费用。

概算审核中，审核人员认为室内电缆沟的钢筋混凝土概算费用已经包含在复杂地面中不应另行计列，编制单位认为复杂地面中仅包含电缆沟费用，不包含电缆沟上的钢筋混凝土盖板，双方就复杂地面中是否包含电缆沟盖板问题产生争议。

【案例分析】

复杂地面的认定是根据地面下是否有设备基础或生产性沟道，有则是复杂地面，否则是普通地面。生产性沟道是指室内非采暖、非建筑照明、非生活通风与制冷、非生活给水与排水、非消防管沟。变电工程主建筑物（运行综合楼、主控制楼）应执行复杂地面。室内行驶车辆的地面执行复杂地面（如汽车库、消防车库、备品备件库、材料库、室内开关场、室内直流场等地面）。

主控楼地面中包含众多电缆沟，作用为电缆穿线所用，是室内非采暖、非建筑照明、非生活通风与制冷、非生活给水与排水、非消防管沟，属于生产性沟道，因此本地面属于复杂地面，执行概算定额中相关子目，符合概算定额中对于复杂地面的定义。

根据《电力建设工程概算定额　第一册　建筑工程》（2018 年版）中相关规定，复杂地面是指含设备基础或生产性沟道的建筑物、构筑物地面。复杂地面工程包括地面土层回填与夯实、铺设垫层、抹找平层、做面层与地脚线（包括柱与设备基础周围）、浇制室内设备基础（非单独计算的室内设备基础）、支墩、地坑、集水坑、沟道与隧道、包括砌筑室内沟道、预埋铁件、浇制室内散水与台阶及坡道、浇制或砌筑室内明沟、安拆脚手架等内容，不包括钢盖板、栏杆、爬梯、平台、轨道等金属结构工程。

基于以上规定，复杂地面中只不包括钢盖板等金属结构工程，已包含钢筋混凝土盖板的预制及安装，费用不应另外计列。

从定额子目的设置角度分析，《电力建设工程概算定额　第一册　建筑工程》（2018 年版）中无电缆沟钢筋混凝土盖板相关子目，其费用已综合考虑在相关定额子目中，该工程中以预算定额作为补充有悖于定额工作内容，导致费用多计。

【解决建议】

建议在后续同类工程概算编制过程中此项费用的计列以《电力建设工程概算定额 第一册 建筑工程》（2018 年版）工作内容为主要依据，充分考虑概算定额的综合性，准确计列费用，避免多计。

2.1.4　工程试验桩费用计列（DE-2.1-4）

【案例描述】

某变电站新建工程地基处理采用水泥搅拌桩，按照设计文件要求，打桩工作开始前打试验桩 3 根。编制预算文件时将 3 根试验桩工程量计算桩基总的工程量，统一套用定额，与预算定额中相关规定相悖，导致费用少计。

【案例分析】

根据《电力建设工程预算定额　第一册　建筑工程》（2018 年版）中的规定，计算打试验桩工程费用时，相应定额的人工数量、机械台班数量乘以 2.0 系数。而正常的打桩工作，无需进行系数的调整。将打试验桩的工程量计入正常打桩的工程量，统一套用正常施工的定额，导致费用少计。

【解决建议】

建议在费用计列过程中严格按照定额说明要求，打试验桩费用应单独套用定额，并按照定额章节说明中的规定，调整定额的人工数量、机械台班数量。

2.1.5　深层水泥搅拌桩空桩费用计列（DE-2.1-5）

【案例描述】

某变电站新建工程地基处理采用水泥搅拌桩，按照设计文件要求及打桩记录，桩长 25m，其中含空桩 5m。该工程的施工图预算中按照整体桩长计算工程量，统一套用定额，与《电力建设工程预算定额　第一册　建筑工程》（2018 年版）规定相悖，导致费用多计。

【案例分析】

根据《电力建设工程预算定额　第一册　建筑工程》（2018 年版）中规定，深层水泥搅拌桩项目已经综合了正常施工工艺需要的重复喷浆（粉）和搅拌。空搅部分按相应项目的人工及搅拌桩机台班乘以 0.5 系数计算。而实桩部分，无需进行系数的调整。将空桩长度计入正常打桩的工程量，统一套用正常施工的定额，导致费用多计。

【解决建议】

建议在费用计列过程中严格按照定额说明要求，空桩部分费用应单独套用定额，并按照《电力建设工程预算定额　第一册　建筑工程》（2018 年版）章节说明中的规定，定额的人工、搅拌桩机台班乘以 0.5。

2.1.6　设置女儿墙的砌体外墙工程量计算规则（DE-2.1-6）

【案例描述】

《电力建设工程预算定额　第一册　建筑工程》（2018 年版）中规定，外墙高度有女儿墙建筑从室内地平（相当于零米）标高（有基础梁的从基础梁顶标高）计算至女儿墙顶标高（不包括抹灰高度）。当女儿墙材质为钢筋混凝土墙时，就是否按照以上规则计算砌体外墙高度产生争议。

【案例分析】

《电力建设工程预算定额　第一册　建筑工程》（2018 年版）中规定，砌体外墙按照砌体体积计算工程量，外墙长度按照建筑轴线尺寸长度计算，外墙墙高有女儿墙建筑从室内地平（相当于零米）标高（有基础梁的从基础梁顶标高）计算至女儿墙顶标高（不包括抹灰高度）。

根据以上规定描述，工程量计算的前提是外墙材质为砌体，不适用于钢筋混凝土外墙，所以该工程计算砌体外墙体积时，不包括钢筋混凝土女儿墙高度。外墙高度计算至屋面板底，女儿墙单独计算工程量，从屋面板顶计算到女儿墙顶，套用混凝土墙相关定额。

【解决建议】

按照《电力建设工程预算定额　第一册　建筑工程》（2018年版）规定的计算规则计算混凝土构件的工程量，建议在后续同类问题发生时，应首先区分构件类型、材质等特征，根据特征判断应执行的定额，从而准确确定工程量计算规则。

2.1.7　概算砌体墙体包含内容（DE-2.1-7）

【案例描述】

某工程执行《电力建设工程概算定额　第一册　建筑工程》（2018年版），结算时施工单位在计算装饰装修工程中，计算了墙体中圈梁、构造柱钢筋；审核单位依据《电力建设工程概算定额　第一册　建筑工程》（2018年版），砌筑砖墙定额中已经综合考虑了墙体砌筑中圈梁、构造柱及对应的钢筋，因此不应能再单独计算该项内容。

【案例分析】

《电力建设工程概算定额　第一册　建筑工程》（2018年版）中规定，砌体外墙工程包括外墙墙体、墙垛、扶壁柱、腰线、通风道、窗台虎头砖、压顶线、山墙泛水、门窗套等的砌筑，包括墙体抹防潮层、砌钢筋砖过梁、钢筋混凝土过梁的浇制或预制与安装、埋砌体加固钢筋、浇制圈梁、浇制构造柱、浇制门框、浇制雨篷、浇制压顶、穿墙套板的浇制或预制与安装、预埋铁件、安拆脚手架等工作内容。加气混凝土、轻骨料混凝土、空心砖及苯板等砌体外墙工程包括门窗洞口处、拉结钢筋处、女儿墙处等实心砖砌筑及防开裂钢丝网敷设等工作内容。即砌体外墙中已经包括了构造柱、圈梁的工作内容。

同时，在《电力建设工程概算定额　第一册　建筑工程)》（2018 年版）中总说明中规定，除另有说明外，本定额第 2 章中钢筋混凝土基础工程、第 4 章楼面与屋面工程、第 7 章混凝土结构工程、第 9 章构筑物工程（除含土方与基础的变配电构支架、灰场工程）不包括钢筋费用，定额中以未计价材料的形式列出了不包括钢筋费用子目的钢筋参考用量，应按第 7 章第 4 节钢筋定额子目单独计算，工程实际用量与定额参考用量不同时，可以调整。其他章节子目均包括钢筋费用，工程实际用量与定额含量不同时，不做调整。成品预制构件及装配式构件中包括钢筋。即砌体外墙属于定额第五章内容，其子目中均包括钢筋费用，工程实际用量与定额含量不同时，不做调整。

基于以上规定，砌筑砖墙定额中已经综合考虑了墙体砌筑中圈梁、构造柱及对应的钢筋，因此不应单独计算。

【解决建议】

结算时不能另外计算墙体砌筑的圈梁、构造柱钢筋；应严格遵守电力工程定额计算规则，注意区分预算定额与概算定额中定额所含工作内容的差别。

2.1.8　概算定额中墙体防潮层是否单独计列（DE-2.1-8）

【案例描述】

某工程执行《电力建设工程概算定额　第一册　建筑工程》（2018 年版），施工图设计要求墙体设置"20mm 厚 1:2 水泥砂浆、掺防水胶"防潮层。施工单位上报结算文件时套用砌体墙相关定额，并按照设计要求套用预算定额中水泥砂浆相关定额计列费用；结算审核单位根据概算定额中相关说明，认为墙体防潮层已经含在墙体定额中，不应再单独计列。

【案例分析】

《电力建设工程概算定额　第一册　建筑工程》（2018年版）中规定，砌体外墙工程包括外墙墙体、墙垛、扶壁柱、腰线、通风道、窗台虎头砖、压顶线、山墙泛水、门窗套等的砌筑，包括墙体抹防潮层、砌钢筋砖过梁、钢筋混凝土过梁的浇制或预制与安装、埋砌体加固钢筋、浇制圈梁、浇制构造柱、浇制门框、浇制雨篷、浇制压顶、穿墙套板的浇制或预制与安装、预埋铁件、安拆脚手架等工作内容。

根据以上定额规定，砌体外墙中已包含了墙体防潮层的工作内容，即防潮层费用已经含在砌体外墙定额费用中，不应单独计列对应预算定额相关费用。

【解决建议】

建议在后续同类工程概算编制过程中此项费用的计列以概算定额工作内容为主要依据，充分考虑概算定额的综合性，准确计列费用，避免多计费用。

2.1.9　基础与墙身搭接如何划分（DE-2.1-9）

【案例描述】

某变电站新建工程的水泵房基础采用钢筋混凝土条形基础，上部为钢筋混凝土墙，结算过程中，施工单位与结算审核单位就条形基础与钢筋混凝土墙如何分界存在争议。

【案例分析】

《电力建设工程预算定额　第一册　建筑工程》（2018 年版）规定，基础与墙身使用同一种材料时，以室内设计地坪分界，以下为基础，以上为墙身；基础与墙身使用不同材料时，位于设计室内地面±300mm 以内时，以不同材料分界；超过±300mm 时，以设计室内地坪为界。该案例中基础和墙身都是钢筋混凝土的，同一种材料，按照定额规定，应以室内设计地坪分界，以下为基础，以上为墙身。

【解决建议】

建议在费用计列过程中严格按照《电力建设工程预算定额　第一册　建筑工程》（2018 年版）说明要求及工程量计算规则计算。按照基础和墙身的不同情况选择不同的划分方式。

2.1.10　装配式构件内钢筋费用计列（DE-2.1-10）

【案例描述】

某变电站新建工程，配电装置室屋面板采用钢筋桁架楼承板，钢筋桁架楼承板为成品采购。结算时，施工单位套用预算定额中"钢筋桁架楼承板"定额，并单独套用钢筋制作及安装相关定额；结算审核单位认为其成品构件中已包含钢筋，不应再单独套用钢筋制作及安装定额。

【案例分析】

《电力建设工程预算定额　第一册　建筑工程》（2018 年版）规定，装配式建筑构件按成品考虑，包括钢筋、铁件。施工单位在套用"钢筋桁架楼承板"定额后，又套用钢筋制作及安装相关定额计算钢筋费用，导致费用多计。

【解决建议】

建议在费用计列过程中严格按照《电力建设工程预算定额　第一册　建筑工程》（2018 年版）说明要求，成品构件中已包含钢筋及铁件，在编制预算、结算过程中不应单独计列相关费用。

2.1.11　概算定额中井池工程外壁防腐计列争议（DE–2.1–11）

【案例描述】

《电力建设工程概算定额　第一册　建筑工程》（2018 年版）规定，井、池工程工程量计算规则按照净空体积（容积）计算工程量，工作内容包括土方开挖、浇筑井或池、池壁找坡、外壁刷热沥青等。在初步设计概算编制中，就是否需要单独计列外壁刷热沥青、表面涂聚氨酯沥青涂层等防潮、防腐措施费用经常发生争议。

【案例分析】

《电力建设工程概算定额　第一册　建筑工程》（2018 年版）规定，井池的定额工作内容包括土方施工、浇制混凝土垫层与底板、砌筑井或池、浇制井或池（包括池底、池壁、支柱、顶板）、内壁抹防水砂浆、外壁刷热沥青、浇制混凝土顶板、预制顶板制作与运输及安装、安装铸铁盖板、制作与安装保温盖板、爬梯制作与安装、预埋铁件、止水带（板）、排气口、防水套管、回填砂砾石、搭拆脚手架等工作内容。其中外壁刷热沥青为池壁防潮工艺，概算在编制过程中综合考虑各类防腐防潮措施，在编制费用时不应再单独计列防潮、防腐费用。

【解决建议】

建议在后续同类工程概算编制过程中此项费用的计列以概算定额工作内容为主要依据，充分掌握概算定额所综合的内容，准确计列费用，不再单独计列防潮、防腐费用，避免多计费用。

2.1.12　屋面卷材防水工程中附加层工程量计算（DE-2.1-12）

【案例描述】

某工程屋面防水采用改性沥青卷材防水，屋面与女儿墙交叉处按照设计要求上翻 250mm。同时，除改性沥青卷材外，设置防水附加层、接缝、嵌缝等，具体设计要求如图 2-1 所示。在结算过程中，施工单位认为应对卷材屋面的附加层、嵌缝、接缝等按照设计图示尺寸计算工程量并入卷材防水费用。结算审核单位认为卷材防水附加层、嵌缝、接缝等已包含在定额基价中，不应单独计算。

【案例分析】

防水附加层为在易渗漏及易破损部位设置的卷材或涂膜加强层。附加层一般设置在屋面易渗漏、防水层易破坏的部位，例如平面和里面结合部位，水落口、伸出屋面管道根部、预埋件等关键部位，防水层基层后期产生裂缝或可预见变形的部位。前者设置涂膜附加层，后者设置卷材空铺附加层。附加层的卷材与防水卷材相同，附加层空铺宽度应根据基层接缝部位变形量和卷材抗变能力而定。该工程设计要求为第二种，设置卷材空铺附加层，即附加层材料与卷材屋面材料一致。

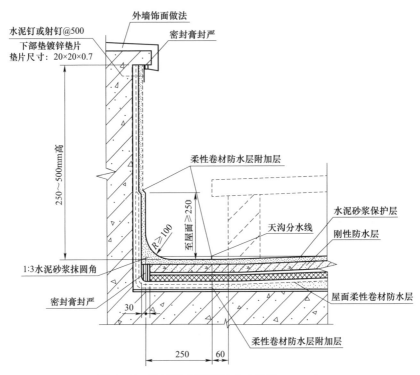

图 2-1 卷材防水设计要求（单位：mm）

《电力建设工程预算定额 第一册 建筑工程》（2018 年版）规定，卷材防水工程量计算规则中明确：屋面与女儿墙、屋面上墙、伸缩缝、天窗交叉弯起部分，按照设计图示尺寸以平方米为单位计算工程量，并入卷材屋面工程量内；卷材屋面的附加层、接缝、收头、找平层的嵌缝、冷底子油包括在定额中，不再单独计算。

根据以上约定，卷材防水的附加层等已综合考虑在定额消耗量中，其费用已包含在定额基价中，因此不再单独计算工程量。

【解决建议】

建议根据《电力建设工程预算定额 第一册 建筑工程》（2018 年版）规定的工程量计算规则，不再单独计算防水卷材附加层工程量，其费用已经综合考虑在定额基价中。

2.1.13　屋面设置双层卷材防水费用计列（DE-2.1-13）

【案例描述】

某变电站新建工程的主控楼屋面设置双层 SBS 卷材防水。施工单位上报结算时套用 2 遍改性沥青防水卷材定额，结算审核单位认为应按照定额说明中的系数调整定额，计列费用。

【案例分析】

《电力建设工程预算定额　第一册　建筑工程》（2018 年版）规定，布置双层防水时，相应定额人工乘以 1.8，卷材和黏结剂消耗量乘以 2。从技术角度，对屋面的基层处理等内容是只用做一次的，并未因双层施工而加倍，因此施工单位直接套用两遍定额的做法是错误的。

【解决建议】

建议在费用计列过程中严格按照《电力建设工程预算定额　第一册　建筑工程》（2018 年版）说明要求及工程量计算规则计算，布置双层防水时，相应定额人工乘以 1.8，卷材和黏结剂消耗量乘以 2。

2.1.14　刚性屋面防水中的钢筋计列问题（DE-2.1-14）

【案例描述】

某变电站新建工程的主控楼屋面防水做法中包括刚性防水层，为 50mm C30 钢筋混凝土，内配双向钢筋网，具体如图 2-2 所示。结算过程中，施工单位计算钢筋网工程量套用第五章钢筋制作及安装定额；审核单位认为钢筋网费用已包含在刚性防水定额中，不再调整。双方就其费用计取存在争议。

一刷灵国网绿防水涂料
50厚C30钢筋混凝土，内配φ6@100双向钢筋，粉面压光
土工布隔离层
20厚1:3水泥砂浆找平层
100厚挤塑式聚苯乙烯隔热保温板（耐火等级B1级）
采用1.5厚聚氨酯隔气层
合成高分子防水卷材（不小于1.2mm，高分子卷材做法标号为D）一层
结合层
合成高分子防水涂膜（最小厚度不小于1.5mm）
20厚1:3水泥砂浆找平层
轻质混凝土3%建筑找坡最薄处30厚（容重小于10kN/m³）
现浇钢筋混凝土屋面板

1250

图2-2 屋面防水设计

【案例分析】

《电力建设工程预算定额 第一册 建筑工程》（2018年版）规定，刚性屋面定额中包括钢筋网费用，工程设计钢筋网用量与定额不同时，按照第五章钢筋相应定额进行调整。该案例中刚性防水中配置钢筋网，按照预算定额规定应计算钢筋网工程量，并与定额中的钢筋含量进行对比，采用钢筋制作安装定额调整量差。

【解决建议】

建议在费用计列过程中严格按照《电力建设工程预算定额 第一册 建筑工程》（2018年版）说明要求及工程量计算规则计算。按照施工图中钢筋的实际工程量调整价差。

2.1.15　钢结构刷漆工程量计算（DE-2.1-15）

【案例描述】

　　某变电站新建工程的主控楼为钢结构，由钢梁钢柱构成整体框架，按照设计文件要求，钢梁需要刷防腐漆。结算时施工单位未对定额进行系数调整，按照设计图纸计算钢梁工程量作为刷漆结算的结算工程量；结算审核单位认为应按照定额说明中的系数调整刷漆定额工程量。

【案例分析】

　　根据《电力建设工程预算定额　第一册　建筑工程》（2018 年版）中规定，油漆工程量计算规则，金属面除锈、油漆工程量按照其制作或安装工程量乘以表 2-2 中相应系数计算。

表 2-2　　　　　　　　金属面油漆工程量计算系数表

项目	系数	项目	系数
单层钢窗、玻璃钢板门、钢纱窗	1	钢煤斗、钢煤算子	0.47
双层钢窗、全钢板门	1.48	钢梁、钢柱、钢走道板、钢平台、车挡、檩条、单轨吊车梁	0.65
防射线门、钢百叶门窗	3	铁栅栏门、栏杆、窗栅、钢油算子、钢格栅板	1.71
屏蔽门窗、钢半截百叶门窗	2.3	直型钢轨、弧型钢轨	0.25
钢丝网大门	0.65	钢爬梯、踏步式钢扶梯	1.2
钢屋架、天窗架、挡风架、屋架梁、支撑、钢桁架、系杆、钢支架、钢吊车梁、钢墙架	1	轻型屋架、零星铁件	1.42

　　根据以上规定，钢梁刷漆应在依据图纸计算质量的基础上乘以对应的工程

量计算系数 0.65 得到相应的工程量；按照金属结构的全部质量计算刷漆工程量，未严格执行定额的计算规则，导致工程量多计。

【解决建议】

建议在金属结构刷漆工程量计算时应严格按照《电力建设工程预算定额 第一册　建筑工程》（2018 年版）规定计算工程量，同时在套用定额过程中注意各种不同金属结构的工程量计算系数。

2.1.16　钢筋混凝土管道消毒、水压试验费用（DE-2.1-16）

【案例描述】

某变电站新建工程的站外排水采用钢筋混凝土管道，设计图纸要求排水管道应进行水压试验、消毒。结算过程中，施工单位在套用混凝土管道安装定额外，套用《电力建设工程预算定额　第一册　建筑工程》（2018 年版）中第十六章对管道消毒、冲洗的相关定额；审核单位认为根据定额说明，钢筋混凝土管道的水压试验、消毒费用包含在钢筋混凝土管道安装定额中，不再单独计取相关费用。

【案例分析】

根据《电力建设工程预算定额　第一册　建筑工程》（2018 年版）构筑物工程章节说明中的规定，钢筋混凝土管道安装定额中包括成品管道购置、管道连接、安装各阶段水压试验、管道消毒、管道场内运输等工作内容。该案例中施工单位在管道安装定额的基础上再计列管道消毒、冲洗费用，属于费用重复计列。

【解决建议】

建议在费用计列过程中严格根据《电力建设工程预算定额　第一册　建筑工程》（2018 年版）说明规定的工作内容，套用相关定额，避免费用的重复计列。

2.1.17　室外混凝土井池内独立混凝土柱计列（DE－2.1－17）

【案例描述】

某变电站工程室外混凝土井池内包括三个独立的支撑钢筋混凝土柱，施工单位在上报结算时，将钢筋混凝土柱的工程量并入井池壁内，套用井池壁的定额；结算审核单位认为钢筋混凝土柱应单独套用钢筋混凝土柱的相关定额子目，不应并入混凝土井池壁中。

【案例分析】

根据《电力建设工程预算定额　第一册　建筑工程》（2018 年版）使用指南中相关说明，"室外混凝土沟道、井池内混凝土隔墙体积并入混凝土侧壁内；混凝土柱体积单独计算；柱高从底板顶标高计算至顶板底标高，执行第五章相应定额。"该案例中钢筋混凝土柱应单独计算，执行钢筋混凝土柱的定额子目。

【解决建议】

定额使用指南是对定额的补充和说明，是对定额中相关规定的解释。因此为保证费用计列的准确性，在严格执行《电力建设工程预算定额　第一册　建筑工程》（2018 年版）说明及工程量计算规则的基础上，应按照定额使用指南中的相关规定计列费用。

2.1.18　满堂脚手架工程量计算规则（DE-2.1-18）

【案例描述】

某工程二层层高为 3.6m，吊顶高度为 3.1m，当室内高度大于 3.6m 的天棚抹灰、天棚吊顶应单独计算满堂脚手架，结算审核单位认为室内净高为 3.1m 不应计取满堂脚手架费用；施工单位认为按层高 3.6m 进行计算满堂脚手架，双方发生争议。

【案例分析】

问题源于对定额工程量计算规则理解不透彻。根据《电力建设工程预算定额　第一册　建筑工程》（2018 年版）中脚手架部分的规定，室内高度大于 3.6m 的天棚吊顶、天棚抹灰应单独计算满堂脚手架。根据本条计算规则，判断是否单独计算满堂脚手架的依据为室内高度，因此应按照变电站室内高度判断其是否应计列满堂脚手架，而不是建筑物的结构层高。该项目此种情况不应计列满堂脚手架费用。

【解决建议】

建议在计算工程量时，应严格按照《电力建设工程预算定额　第一册　建筑工程》（2018 年版）中章节说明中规定的定额使用范围及工程量计算规则计算。

2.1.19　钢板桩重复利用费用计列（DE-2.1-19）

【案例描述】

某变电站新建工程设计中，因事故油池、消防水泵房等距离道路及围墙较近，为保证施工安全，避免破坏围墙及道路，事故油池、消防水泵房土方开挖时采用钢板桩支护，减少土方放坡。结算过程中，施工单位根据桩长套用预算定额中 YT15-19 打钢板桩、YT15-23 拔钢板桩定额，工程量按照所有钢板桩支护范围计算钢板桩重量；审核单位认为，因钢板桩存在摊销，不应计列全部钢板桩消耗量。

【案例分析】

《电力建设工程预算定额　第一册　建筑工程》（2018 年版）规定，当钢板桩、钢管桩重复利用时，每打入一次按照 20%桩消耗量计算桩材料费。根据经审批的钢板桩施工方案，钢板桩均需拔出，因此认定钢板桩会重复利用，按照定额说明，每次仅计入 20%的桩消耗量。

【解决建议】

建议在费用计列过程中严格按照《电力建设工程预算定额　第一册　建筑工程》（2018 年版）说明要求，钢板桩结算时应根据经审批的专项施工方案、现场签证等资料确定钢板桩的摊销或重复利用情况，进而按照定额规定调整定额，准确计列相关费用。

2.2　电气设备安装工程

2.2.1　110kV 及以上设备安装在户内时的人工系数（DE-2.2-1）

【案例描述】

某户内变电站工程采用《电网工程建设预算编制与计算规定》（2018 年版）

编制概算，GIS 户内安装按定额规定计算了人工费乘以 1.3 系数。初设评审时评审单位提出 GIS 本来就是户内设备，定额编制时已经考虑了户内安装的因素，不应执行 1.3 系数的规定。双方对此产生争议。

【案例分析】

电力设备安装定额设定的110kV 及以上设备安装在户内时人工费乘以系数 1.3 的初衷，是考虑到设备安装过程中，受房屋建筑的空间限制，无法最大化使用机械从而导致的人工费用增加。该说明出现在主变压器及配电装置的章说明中，因此该章节中全部定额都适用此规定。

【解决建议】

按定额规定执行，GIS 安装在户内时人工费乘以系数 1.3。

【延伸思考】

从 GIS 设备选用来分析，通常户内站由于空间有限会选择采用 GIS 设备，但这并不等同于户外站不使用 GIS 设备，在特高压工程中，绝大多数户外配电装置都采用 GIS 设备形式。因此编制定额时，并不存在已按户内安装 GIS 考虑定额费用的说法。

2.2.2　设备厂供的端子箱费用争议（DE-2.2-2）

【案例描述】

某变电站工程按照《电网工程建设预算编制与计算规定》（2018 年版）编制预算，对于随断路器厂家供货的端子箱是否应计算端子箱安装费用，预算编制单位和评审单位产生争议。评审单位认为断路器安装概算定额已含端子箱的工作内容，说明断路器安装预算定额中已含此工作内容，只是定额未做说明，要求取消端子箱安装费用。

【案例分析】

概算定额中电气一次设备安装包含端子箱安装，不可以单独计算，因为概算定额扩大综合考虑了设备安装连带的相关配套设备安装内容，例如在编制断路器安装概算定额的过程中将断路器安装、端子箱安装、设备连线、接地等工作量，分别套用预算定额组价，形成概算定额的费用结果；但是断路器安装预算定额的工作内容中没有包括端子箱安装，是可以单独计算的。

【解决建议】

根据定额规定的工作内容执行，设备安装定额工作内容未包含端子箱安装的，端子箱安装可以另外计算费用。

2.2.3 GIS 设备本体电缆敷设费用争议（DE-2.2-3）

【案例描述】

某工程结算，施工单位要求按竣工图纸标明的 GIS 本体至汇控柜的连接用电缆计算施工费用；结算审核单位认为该项工程量已包含在 GIS 间隔安装定额中，不应重复计取。

【案例分析】

根据《电力建设工程预算定额 第三册 电气设备安装工程》（2018 年版）规定，SF_6 全封闭组合电器（GIS）安装：开箱检查，底架安装校平，组合吊装，本体就位，封闭筒连接，操作柜安装，液压管路敷设及连接，分支母线安装，设备本体电缆安装，真空处理，调整，充 SF$_6$ 气体，接地，补漆，单体调试。GIS 间隔间连接用的母线安装工作已包含在 GIS 间隔安装定额的工作内容中，不需重复计算费用。

【解决建议】

本次结算按定额规定执行，但应对设备本体电缆的范围进行界定，在常规理解中 GIS 设备为厂家成套供货，GIS 本体与各控制柜分批次到货，在现场安装就位后使用各类缆线进行连接，因此连接的线缆属于设备本体电缆的范围；GIS 设备与其他厂家供货的二次屏柜之间的连接线缆，不属于设备本体电缆的范围。

【延伸思考】

与此相同的还有主变压器安装定额中也包括本体设备电缆敷设的内容。

当 EPC 项目或者某些甲方扩大 GIS 设备厂商供货范围，比如将原本由其他厂家供货的二次屏柜改由 GIS 设备厂商供货，这种情况下连接二次屏柜和 GIS 本体的电缆实际上已超出了定额描述的设备本体电缆的范围，需要特别注意。

2.2.4　GIS 安装高度争议（DE-2.2-4）

【案例描述】

某变电站工程户内 GIS 安装高度 9.8m，加上室外标高 0.3m，就超过 10m，因该项目为半户内站，由此对是否可增加系数有争议。对于 GIS 安装高度，预算编制单位与限价编制单位有不同意见。

【案例分析】

根据定额说明：GIS 安装超过 10m 时，定额人工乘以系数 1.05，机械乘以系数 1.2。该定额说明中的安装高度在 10m 以上，是指从施工场地的地面距安装 GIS 的垂直距离较大，导致人员、机械等因为操作高度增加、施工难度加大而导致的费用增长；至于 GIS 室的位置和站址地坪高度差，并不对设备安装难度产生影响，因此并不应该考虑在安装高度的范围内。

【解决建议】

按定额规定执行，加强技术学习。

【延伸思考】

全户内站，GIS 室分别位于地下室、一楼、二楼、三楼等不同位置，并不是对 GIS 安装高度产生影响的因素，不应将楼层高度与安装高度混为一谈。

2.2.5　SF_6 断路器和 GIS 安装中的 SF_6 气体试验（DE-2.2-5）

【案例描述】

某工程结算采用 2013 版电力预算定额编制施工图预算降点进行结算。结算审核单位根据 GIS 安装定额中的机械费含有 SF_6 露点仪的台班耗量，认为 SF_6 气体试验费用已含在 GIS 安装定额中，故将施工单位报审的 SF_6 气体特殊调试费用全部取消，由此造成结算争议。

【案例分析】

电力预算定额的 GIS 安装定额中含有的露点仪是设备安装过程中正常需要

使用的仪器，但与针对 SF_6 气体另外开展的检漏、漏点试验等分属两个不同的施工步骤，两者工作内容不重复，在定额中的消耗量也不相同，因此无法得出 GIS 安装定额已含 SF_6 气体特殊试验的结论。

【解决建议】

SF_6 气体特殊试验应按行业及当地相关规范要求的试验数量计列费用。

2.2.6　GIS 母线支架费用争议（DE-2.2-6）

【案例描述】

某工程结算，施工单位要求按竣工图纸标明的 GIS 母线支架 192t 计算施工费用；结算审核单位认为该项工程量已包含在 GIS 母线安装定额中，不应重复计取；送审金额 54 万元，核定为 0 万元，核减 54 万元。

【案例分析】

该工程招标限价及投标报价中，均未计算 GIS 主母线支架相关费用，送审结算书中将 GIS 母线支架安装按图纸新增工程量申报。

《电力建设工程预算定额使用指南　第三册　电气设备安装工程》中规定，SF_6 全封闭组合电器（GIS）安装分为 GIS 主体、GIS 母线、GIS 出线套管三个子目；定额中未包含设备支架制作安装，是指定额已含 GIS、HGIS 设备随厂家供货的支架的安装。

审核时根据《电力建设工程预算定额使用指南　第三册　电气设备安装工程》规定，认为母线支架安装已包含在 GIS 母线安装工程正常施工流程中，即应已含在原招标范围内，不应重复计取施工费用，核减送审工程量中该新增费用，核减 54 万元。

【解决建议】

本次结算按定额规定执行。建议招标阶段在图纸及招标文件中明确"包含 GIS 母线支架安装"，避免再次产生争议。

【延伸思考】

《电力建设工程预算定额使用指南　第三册　电气设备安装工程》（2013 年版）的规定，目前在《电力建设工程预算定额使用指南　第三册　电气设备安装工程》（2018 年版）中未提及，但定额含量未变。考虑到《电力建设工程预算定额使用指南　第三册　电气设备安装工程》（2018 年版）定额将主母线定额调整了位置（从配电装置章节调整至母线、绝缘子章节），建议计算规则仍按《电力建设工程预算定额使用指南　第三册　电气设备安装工程》（2013 年版）定额含甲供支架安装处理。

2.2.7　GIS 主母线工程量计算（DE-2.2-7）

某工程 GIS 主母线为甲供，物资订货合同中长度为 500m，图纸为 500m。施工单位反馈全部物资已安装无剩余，应按 500m 结算；但结算审核单位根据定额计算规则审核的工程量为 485m，坚持按 485m 结算，双方对此发生争议。

【案例分析】

平面图形中的尺寸按其作用不同，分为定形尺寸和定位尺寸两大类。

定形尺寸是指确定平面图形上几何要素大小的尺寸，如线段的长度（80）、半径（R18）或直径（ϕ15）大小等。

定位尺寸是确定几何要素相对位置的尺寸，如图2-3中的70、50。

定位尺寸的起点称为尺寸基准。对平面图形而言，有长和宽两个不同方向的基准，通常以图形中的对称线、中心线以及底线、边线作为尺寸基准。

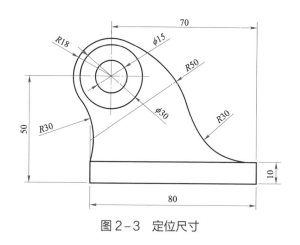

图2-3　定位尺寸

（1）问题根源在于各单位混淆定位尺寸与定形尺寸的概念。

定形尺寸：确定各基本体形状和大小的尺寸。

定位尺寸：确定各基本体之间相对位置的尺寸。

注意图2-3中最上面的定位尺寸70和最下面的定形尺寸80的区别，这里涉及一个问题，即定位尺寸和定形尺寸分别在什么阶段以什么样的方式进入工程图纸，并对工程造价产生影响的？下面我们做一个简单介绍：

（2）参建各方工作流程简介。设计单位：根据设计规范深度要求，GIS主母线位置、走向等均不属于设计负责的范围，设计人员只负责提出电流等技术参数。因此，初步设计时GIS主母线长度为设计人员按经验预估量，施工图设计时应根据中标厂家深化设计后的结果进行修改（或者不做修改，仍沿用初设预估量）。

业主单位：采用设计图纸进行物资招标，GIS 母线由厂家自主报价，中标后按厂家报价或技术协议签订物资采购合同。

物资厂家：物资招标时，设备厂家根据图纸中的技术要求及设备定位，开展内部深化设计，确定主母线的定位尺寸、定形尺寸及长度，但在后续投标报价、签署合同、供货时只提供定形尺寸给各方。

施工单位：物资供货到现场时，参建各方共同验收，但验收范围仅限于开箱外观检查，完整程度等内容，并不对实际供货长度进行核对，施工过程中也并不对此工程量进行计量。

施工结算审核：很多单位的工作习惯是根据设计图纸长度进行计算，但图纸长度实际为厂家提供的定型尺寸长度，并不是定额规定的计算规则的长度。

定额规定：《电力建设工程预算定额　第三册　电气设备安装工程》（2018 年版）第三章中"三、工程量计算规则"中"GIS 主母线安装按中心线长度计算"。

由上述工作流程可知，除施工结算审核以外，其他参建各方所掌握的数据实际都是定形尺寸，而定额规定的计算原则采用的是定位尺寸。因此，要求结算审核单位使用此计算规则并结合工程的平断面图计算结算量。

（3）审核要点。审核要点包括结算审核应按定额规定执行，按中心线长度（不扣除伸缩节等附件长度）计算工程量，禁止照抄图纸设备材料清册量的行为（以目前设计深度，大多图纸设备材料清册量数据来源是定形尺寸）。与此问题相同的还包括其他按中心线长度计算的工程量。

【解决建议】

（1）设计单位在施工图设计阶段时，应要求厂家同时提供定位尺寸和定形尺寸，将两个量同时记录在图纸中。

（2）业主签署物资合同、现场物资交接、开箱检查、验收等工程管理资料中，应同时注明定形尺寸和定位尺寸。

（3）施工单位在施工过程中应做好工程施工资料记录，统计施工工作量。

（4）甲方物资管理单位与物资供货厂家签订合同时，采用定位尺寸或定形尺寸作为结算原则均可，但不应将两者混淆。

【延伸思考】

后续审计审核时发现此情况，认为安装 485m，证明甲供 500m 中有 15m 应属剩余物资，但该 15m 主母线无退库手续、也未扣除施工单位施工费，因此提出审计问题。

其实审计单位在此处犯了和施工单位同样的错误。因为审计不理解定位尺寸和定形尺寸的区别，仅使用简单数字加减而得出类似 5 块人民币减 1 美元等于 4 英镑的错误结论，数字做加减运算的前提是数字的单位必须一致，否则是无法得出正确结论的。

处理方式：在无法解决图纸优化设计内容之前，只能通过被审计单位向审计单位科普相关概念来处理；但如果图纸按解决建议的内容进行优化后，同时标明定位尺寸和定形尺寸，可以明确告诉审计这是同一物资的不同设计参数，即可从根本上解决此类问题。

2.2.8 GIS 出线套管数量问题（DE–2.2–8）

【案例描述】

某变电站工程采用《电力建设工程概算定额》编制概算，GIS 进出线间隔按每间隔 3 个套管计算费用，初设评审时评审单位提出应按定额说明 GIS 每间隔 2 个套管计算费用，因此产生争议。

【案例分析】

《电力建设工程预算定额　第三册　电气设备安装工程》（2013 年版）第三章中"二、工程量计算规则"规定，GIS 每间隔出线套管数量为 2 个，是给发电专业参考的经验数字，变电工程建议按设计提资数量计列。

【解决建议】

变电工程建议按设计提资数量计列。

【延伸思考】

定额编制时，出于方便使用的考虑，可能会提供一些经验数字，使用者可结合自身情况考虑是否选用，但这种经验数字不应作为强制要求执行。

2.2.9　引下线采用 V 形悬垂串固定中点时工程量计算（DE-2.2-9）

【案例描述】

某变电站母线到部分设备的中间由悬垂 V 形串进行固定，施工单位提出从母线固定点到悬垂 V 形串固定点算作一组引下线，从悬垂 V 形串固定点到设备固定点算作另一组引下线。

【案例分析】

《电力建设工程预算定额使用指南　第三册　电气设备安装工程》（2013 年版）中规定，引下线是指由 T 形线夹、并沟线夹或终端耐张线夹至设备的一段连接线。该案例中出现的悬垂串，目的只是提升导线高度，保证带电的导线与运行设备之间保持足够的安全距离，并未对引下线的计算规则产生决定性影响，因此仍应按定额规定执行。

【解决建议】

设备引下线中间采用悬垂 V 形串固定时，引下线数量不变，应按一组/三相计算。

2.2.10　控制电缆与屏蔽电缆区别（DE-2.2-10）

【案例描述】

某工程控制电缆型号为 ZRA-KVVP2/22，控制电缆终端制作安装 6 芯以下工程量为 56 个、14 芯以下为 568 个、24 芯以下为 46 个。施工单位结算施工费套用定额分别为控制电缆终端制作安装 YD-118、YD-119、YD-120；结算审核单位认为应套屏蔽电缆终端制作安装 YD-122、YD-123、YD-124，双方发生争议。

【案例分析】

双方争议焦点在于对电缆型号 ZRA-KVVP2/22 应属于控制电缆还是屏蔽电缆，以及对应的定额子目是哪项。施工单位认为既然图纸中该电缆描述为控制电缆，即应执行控制电缆的子目；但结算审核单位认为该型号 ZRA-KVVP2/22 控制电缆为"铜芯聚氯乙烯绝缘铜带屏蔽铠装 A 级阻燃控制电缆"，其中有"屏蔽"字样，即视为屏蔽电缆，应执行屏蔽电缆终端制作安装（定额编号 YD-122～128）。

结算审核控制电缆终端制作安装套用定额是根据控制电缆型号套用"屏蔽电缆终端制作安装定额"（定额编号 YD－122～128），而施工单位未能分清该控制电缆是屏蔽控制电缆还是非屏蔽控制电缆，从而选择套用"控制电缆终端制作安装"（定额编号 YD－118～121）。

【解决建议】

控制电缆型号 ZRA－KVVP2/22 应属于屏蔽电缆。

2.2.11　设备接地线涉及范围（DE－2.2－11）

【案例描述】

某变电站工程设计图《全站接地》图册，部分接地材料备注为设备接地引上线，造价咨询单位与设计院对于设备接地引上线是否能套用引上线的安装费有争议。

造价咨询单位认为设备本体安装定额的工作内容均包含接地内容；设计单位认为设备接地引上线不属设备接地的范围，应给予增加安装费。双方对此产生纠纷。

【案例分析】

在变电站施工时，主地网通常由土建单位施工，敷设在变电站地下 0.8m 深度并形成 6m×6m 或者 5m×5m 的网格结构并敷设接地引上线至地面。

根据 GB 50169—2016《电气装置安装工程接地装置施工及验收规范》要求，重要电气设备需进行两点接地，但在电气设备安装阶段是不可能重新把地网从地下挖出来做接地连接的，电气单位只需要把设备接地端子与主地网引至地面的引线连接，即可以将设备与整个地网连接起来，而电气安装定额工作内容中的接地即指此工作。

【解决建议】

设备接地的接地线长度因素已在设备安装定额中综合考虑，预算编制时只计此部分材料价差即可；但主地网引出至地面的接地体属于主地网的延伸（实际由土建单位实施，施工界面也并不属于电气安装的工作范围），不在设备安装定额可考虑的范围内。

【延伸思考】

案例描述提到的名词"设备接地引上线"，在案例分析中并未具体分析，这并非答非所问，实际工作中某个地区甚至某个人对某种设备材料可能会有约定俗成的称呼，但这种约定俗成并不应该作为我们如何执行定额的判断条件，反而可能使造价咨询人员做出错误结论。

在案例分析中，我们给出的是定额使用的界限和范围，使用者应对界限和范围足够了解，并反向与设计单位沟通，其图纸中使用的名字"设备接地引上线"具体指代范围是什么？是否与定额口径一致？如果其指代的是比定额口径更大的范围，例如"设备接地引上线"指设备与水平主地网相连接的长度，那么应该要求设计将其拆分成两部分，以便于使用设备安装定额与主地网敷设定额分别计算费用。

2.2.12　安装定额中单体调试工作占比（DE-2.2-12）

【案例描述】

某变电站工程设备安装调试验收后，由于线路工程未完工，导致变电站延期一年投产，因此导致站内已安装的电力设备投产前需重新进行交接试验，但现行定额中对于单独进行的设备单体调试没有对应计价标准。

【案例分析】

设备安装定额含自身调试工作的思路，在住建部民建定额中广泛采用，为了与社会发展方向保持一致，电力定额的编制也沿用了此思路。作为费用计算标准和计量计价依据定额只能采用合理条件作为前提进行编制，但施工现场的情况千差万别，由于工业项目自身特点，比如案例中的设备过期试验，或者由于施工现场界面划分，如安装、调试由不同单位负责等，都可能出现单独开展的调试工作缺乏费用计算标准的尴尬情况。当遇到这种情况时，常规的解决思路无外乎以下几种之一：

（1）据实原则。按现场实际发生的人材机量进行签证，据实结算。优点是可以对工作量进行较为准确的控制。缺点是单价缺乏标准、难以把握。

（2）定额原则。在《电力建设工程预算定额　第六册　调试工程》（2006年版）中，设备单体调试单独设置了定额子目，有些单位会选择使用这套定额结算此类费用，在使用者看来有定额就代表有费用标准。但实际上该版定额只能代表其发布时的社会平均生产力水平，现在已过去了十余年，随着社会技术发展，调试费用是总体下降的趋势。

（3）市场协商原则：由发承包双方友好协商，确定相关工作发生的费用，或者约定按设备安装调试的总费用乘以协商确定的打折系数进行结算。市场协商原则的优点是操作相对另外两种较为简单便捷；缺点是各设备调试工作在定额中的占比并不固定，可能出现费用偏高的情况。

【解决建议】

此问题目前并没有最优解，上述方式各有优点，但亦存在不足。在此只能提供一种思路：现行电力定额的人材机，各个定额是给出了耗量明细的，比如施工机械和调试机械根据机械名称基本就可以判断，因此根据定额明细及现场实际发生工作，可以对定额进行费用拆解，但由于此方法拆解人工费用较为困难，因此结果可能略低于现场发生，只能作为测算现场费用的一个补充手段。

【延伸思考】

目前所有的电力设备安装定额，均涉及此问题。

2.2.13 双重化保护装置单体调试计算（DE–2.2–13）

【案例描述】

某变电站扩建 220kV 出线间隔 2 个，新上 220kV 线路保护屏 4 面，送配电保护装置单体调试如何计算？

【案例分析】

依据《电力建设工程预算定额 第三册 电气设备安装工程》（2018 年版）规定，保护装置调试均已包括装置及附属设备的所有单元件调试，保护装置内各种非重复保护功能的组合为一套，每增加一套保护增加定额子目乘以系数 0.6。

【解决建议】

该案例每间隔 220kV 送配电保护装置内各种非重复保护功能的组合为 2 套（两面保护屏），定额应套用 YD12–31 送配电保护装置调试 220kV 子目，定额调整系数为 1.6，工程量为 2 间隔。

2.2.14　变电站电缆沟支架接地（DE-2.2-14）

【案例描述】

变电站电缆沟支架接地一般有两种形式，第一种是在电缆沟底部敷设通长接地圆钢，再通过扁钢将接地圆钢与电缆支架直接进行连接；第二种是直接采用通长接地圆钢与电缆支架焊接。

对于第二种情况，通长接地圆钢属于电缆支架接地还是属于电缆沟接地存在争议。

【案例分析】

一种观点认为，《电力建设工程预算定额　第三册　电气设备安装工程》（2018 年版）中，电缆支架的工作内容包含了接地，第二种情况的接地应属于电缆支架直接接地，不应计算通长接地圆钢的安装费用。

另一种观点认为，圆钢由于属于通常设置，第二种情况相比第一种情况，只是减少了直接接地的扁钢，通长圆钢仍然属于电缆沟接地，应单独执行户内接地定额以计算其安装费用。

【解决建议】

第二种情况中的通长圆钢与第一种情况一致，都属于电缆沟接地，应单独执行户内接地定额以计算其安装费用。

2.2.15　电流互感器误差测试定额工程量计算（DE-2.2-15）

【案例描述】

某 110kV 新建变电站工程，采用线变组接线，一个间隔中的电流互感器为

6台，电气原理图如图2-4所示。

每相中的2台互感器实现测量、计量和保护的功能，与常规配置中1台电流互感器实现的功能一致。

请问，电流互感器误差测试的定额工程量应为1组还是2组？

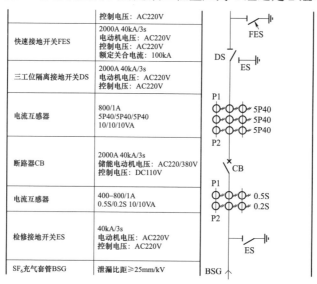

图2-4　电气原理图

【案例分析】

一种观点认为定额是按常规设置考虑的，1个间隔6台电流互感器属于特殊情况，且功能与配置3台互感器时一致，误差试验定额单位为"组"，应按3台考虑，即定额工程量为1组。

另一种观点认为定额综合考虑了各种情况，误差试验定额单位为"组"，应理解为3台为1组，故图2-4中6台应按工程量2组计算。

【解决建议】

该案例中的电流互感器误差测试的定额工程量应为1组。

2.2.16　智能终端一体化装置调试（DE-2.2-16）

【案例描述】

某 110kV 变电站工程，预算及限价按照《电力建设工程预算定额第三册 电气设备安装工程》（2018 年版）编制，设计采用 10kV 线路保护测控智能终端一体化装置，清册开列的设备"10kV 线路保测智一体装置"32 套，包括微机型、保护、测控、智能终端合一、通信接口、对时接口等就地安装。施工图预算执行定额"YD12-124 智能变电站调试　合并单元 20kV 以下"。限价分别执行"YD12-106 自动装置调试 变电站自动化系统测控装置 20kV 以下""YD12-28 送配电保护装置调试 20kV 以下"和"YD12-131 智能变电站调试　智能终端　20kV 以下"定额计算调试费用。

【案例分析】

施工图预算将"合并单元"理解为"10kV 线路保测智一体装置"，但实际上合并单元的功能主要是将互感器输出的电流、电压信号合并，输出同步采样数据，并为互感器提供统一的输出接口，使不同类型的互感器与不同类型的二次设备之间能够互相通信；因此"合并单元"与"10kV 线路保测智一体装置"是两个完全不同的装置，施工图预算套用的定额有误。

【解决建议】

根据《电力建设工程预算定额使用指南　第三册　电气设备安装工程》（2018 年版），10kV 线路保护测控一体化装置分别执行保护定额和测控装置定额，因此，10kV 线路保测智一体装置应分别执行保护定额、测控和智能终端的单体调试定额。造价编制人员应加强专业学习，不能单凭文字的主观判断来套用定额。

2.3　输电线路工程

2.3.1　砂石水运输计算（DE–2.3–1）

【案例描述】

某架空线路工程编制预算时，工程的砂、石材料从厂家到现场材料站运输距离为 20km，现场材料站到各塔位的人力平均运输为 500m，无需使用汽车运输；编制单位运水按照 500m 距离，砂、石按照 500m 人力运输距离和 20km 汽车运输距离计算运输费用，评审单位认为计算有误。

【案例分析】

根据《电力建设工程预算定额　第四册　架空输电线路工程》（2018 年版）的规定，工地运输是指未计价材料、设备自工地集散仓库（材料站）运至沿线各杆、塔位的装卸、运输及空载回程等全部工作。《电力建设工程概预算定额使用指南　第五册　输电线路工程》中规定，水运输：定额中已考虑混凝土的洗石、搅拌、养护、洗模板等所需的用水量 100m 范围内运输。如运水距离超过 100m 时，现场搅拌混凝土可按每立方米混凝土用水量 500kg（运输质量为 600kg），商品混凝土可按每立方米混凝土用水量 300kg（运输质量为 360kg），按工地运输定额另行计算运费。因此在计算水运输时应扣除定额已考虑的 100m 运距，只计算 400m 人力运输费用。

架空线路工程编制预算时，砂、石一般采用地方材料信息价，由于材料信息价格中已经包含材料从厂家运输到材料站（或指定地点）的汽车运输及装卸费用，因此只计算人力运输、拖拉机运输和索道运输，不再计算汽车、船舶等机械运输及装卸；如果施工现场所处位置的运距超过地方材料信息价组价运输距离，可以计取超出部分距离的运输费用，但不计装卸费用。

【解决建议】

按照《电力建设工程概预算定额使用指南　第五册　输电线路工程》的规定，在计算水运输时应扣除定额已考虑的 100m 运距。砂、石当采用地方材料信息价时，只计算人力运输、拖拉机运输和索道运输，不计算汽车、船舶等机械运输及装卸。即该工程的材料水和砂、石人力运输距离为 500m，不再计列汽车运输；如果施工现场所处位置的运距超过地方材料信息价组价运输距离，可以计取超出部分距离的运输费用，但不计装卸费用。

【延伸思考】

根据该案例，一是要清楚工地运输的含义，是指定额中未计价材料从工地集散仓库（材料站）运至沿线各杆、塔位的装卸、运输等工作；二是要注意材料预算价格中的材料运输与材料工地运输的区别；三是如地方材料信息价未明确运输距离，施工单位提出运费较高超出地方材料信息价，要求补充运费情况时，业主单位应组织设计单位、监理单位、施工单位到现场调查周边情况进行协商综合定价。

2.3.2　土质分类（DE-2.3-2）

【案例描述】

某架空输电线路工程，编制施工图预算时板式基础挖方地质类别分为：普通土工程量 488m³；坚土工程量 325m³；松砂石工程量 230m³；岩石工程量

$6700m^3$。评审单位认为应结合设计院提供的地勘报告和架空线路工程预算定额土质分类定义综合核定，土质类别工程量为：普通土 $813m^3$；松砂石 $560m^3$；岩石 $6370m^3$，导致费用产生差异。

【案例分析】

《电力建设工程预算定额　第四册　架空输电线路工程》（2018年版）中，定额子目按电杆坑、塔坑、拉线坑挖方（或爆破）及回填、挖孔基础挖方等内容并按照土质类型设置的。定额规定，基础坑内的各类土质按设计地质资料确定，除挖孔基础和灌注桩基础外，不作分层计算；同一坑、槽、沟内出现两种或两种以上不同土质时，一般选用含量较大的一种土质确定其类型；出现流砂层时，不论其上层土质占多少，全坑均按流砂计算；出现地下水涌出时，全坑按水坑计算。

目前定额中对部分土质的定义如下：普通土指种植土、黏砂土、黄土和盐碱土，稍密、中密状态的粉土，软塑、可塑状态的粉质黏土等，主要用锹、铲、锄头挖掘，少许用镐翻松后即可能挖掘的土质，包括轻壤土、含有直径30mm以内根类的泥炭和腐殖土等。坚土指土质坚硬难挖的红土、板状黏土、重块土、高岭土，密实状态的粉土，硬塑状态的粉质黏土、必须用铁镐、条锄挖松，部分须用撬棍，再用锹、铲挖出的土质。松砂石指碎石、卵石和土的混合体，全风化状态及强风化状态不需要采用打眼、爆破或风镐打凿方法开采的岩类，包括含有直径大于30mm根类的泥炭和腐殖土、掺有卵石或碎石和建筑料的填土或土壤、泥板岩、页岩等。岩石指中风化、微风化状态、全风化状态及强风化状态需采用打眼、爆破或部分用风镐打凿方法开采的岩类，包括大理石、花岗岩、砾岩、砂岩、片麻岩、凝灰岩、石灰岩、坚实的泥岩、坚实的泥灰岩等。

目前岩土工程勘察规范、输电线路勘测规范、电力工程岩土描述技术规程等文件标准以及工程的地质勘察资料中的地质分类情况如下：岩石按成因分为岩浆岩、沉积岩、变质岩。岩浆岩主要有花岗岩、正长岩等；沉积岩主要有砾岩、砂岩、石英岩、泥岩、页岩等；变质岩主要有片麻岩、云母片岩、绿泥石片岩、滑石片岩等。岩石按风化程度可分为：未风化、微风化、中等风化、强风化、全风化，如表 2-3 所示。

表 2-3　　　　　　　　　　　　岩石风化程度的鉴别

岩石类型	风化程度	野外观察的特征	开挖或钻探情况
未风化		组织结构未变，没有破碎情况，颜色新鲜，矿物组织成分未变，敲击声很脆，很难击碎	开挖需爆破，钻进困难
硬质岩石	微风化	组织结构基本未变，仅节理面有铁锰质浸染或矿物略有变色。有少量风化裂隙，岩体完整性好	开挖需爆破，一般金刚石岩芯钻方可钻进
	中风化	组织结构部分破坏，矿物成分基本未变化，仅沿节理面出现次生矿物；风化裂隙发育，岩体被切割成 20~50cm 的岩块，锤击声脆，且不易击碎	不能用镐挖掘，一般金刚石岩芯钻方可钻进
	强风化	组织结构已大部分破坏，矿物成分已显著变化，长石、云母已风化成次生矿物，裂隙很发育，岩体被切割成 2~20cm 的岩块，可用手折断	用镐可挖掘，干钻不易钻进
软质岩石	微风化	组织结构基本未变，仅节理面有铁锰质浸染或矿物略有变色；有少量风化裂隙，岩体完整性好	开挖用撬棍或爆破，一般金刚石、硬质合金均可钻进
	中风化	组织结构部分破坏，矿物成分发生变化，节理面附近的矿物已风化成土状，风化裂隙发育，岩体被切割成 20~50cm 的岩块，锤击易碎	开挖用镐或撬棍，硬质合金可钻进
	强风化	组织结构已大部分破坏，矿物成分已显著变化，含大量黏土矿物，风化裂隙很发育，岩体被切割成碎块，干时可用手折断或捏碎，浸水或干湿交替时可较迅速地软化或崩解	用镐可挖掘，干钻可钻进
全风化		组织结构已基本破坏，但尚可辨认，有残余结构强度，风化成土混砂砾状或土夹碎粒状，岩芯手可掰断捏碎	用镐锹可挖掘，干钻可钻进

土可以按照堆积年代、地质成因、有机质含量、颗粒级配或塑性指数进行区分。土根据地质成因可划分为残积土、坡积土、洪积土、冲积土、淤积土、

冰积土和风积土等。土按颗粒级配或塑性指数分为碎石土、砂土、粉土、黏性土，其中碎石土根据颗粒的形状和颗粒级配情况，可进一步分为漂石、块石、卵石、碎石、圆砾、角砾；砂土按照颗粒级配可进一步分为：砾砂、粗砂、中砂、细砂、粉砂；黏性土根据塑性指数分为粉质黏土和黏土。除此之外还包括特殊岩土，如软土、红黏土、黄土、膨胀岩土、填土、污染土、冻土、盐渍岩土等。

由于定额主要根据土、石质的性状、开挖方式以及难易程度将挖方的土质分为八类，包括普通土、坚土、松砂石、岩石、泥水、流砂、干砂、水坑；然而岩土工程勘察规范等文件标准以及工程地质勘察资料中的地质分类与定额土质分类不能够完全匹配，预算编制人员很难确定挖方的土质，造成各类土质挖方工程量计算结果不一，如上述案例中普通土、坚土、松砂石和岩石的工程量，导致费用产生差异。为实现地勘报告基础土层分类描述与定额土质分类描述达到匹配，需设计单位参考 GB 50021—2001《岩土工程勘察规范》、GB 50741—2012《1000kV 架空输电线路勘测规范》、DL/T 5160—2015《电力工程岩土描述技术规程》等文件标准以及工程的地质勘察资料，利用定量和定性的分析方法确定土质开挖方式以及难易程度，再综合考虑土质状态、紧固系数、开挖方式以及难易程度等因素后，出具地勘报告基础土层分类描述与定额中土质分类描述的对应说明（不能对应的部分），然后以此为依据计算各类土质工程量，从而保证费用的合理性。

【解决建议】

建议针对目前普遍存在的土质分类争议情况，设计单位应参考 GB 50021—2001《岩土工程勘察规范》、GB 50741—2012《1000kV 架空输电线路勘测规范》、DL/T 5160—2015《电力工程岩土描述技术规程》等文件标准以及工程的地质勘察资料，综合考虑土质状态、紧固系数、开挖方式以及难易程度等因素后，出具地勘报告基础土层分类描述与定额中土质分类描述的对应说明或者在杆位明细中明确塔基的土质类别或土质比例，然后预算编制单位根据对应说明或杆位明细计算各类土质挖方工程量及费用。

【延伸思考】

上述方法不仅适用于板式基础挖方及回填情况，同时适用于挖孔基础挖方以及灌注桩成孔工程量和费用的计算。另外电缆输电线路工程的土石方工程量计算也可参考上述方法，由设计单位出具土质分类描述的对应说明，然后计算工程量及费用。

2.3.3　挖孔基础工程量（DE-2.3-3）

【案例描述】

某架空输电线路工程采用挖孔基础形式，基础混凝土图示用量为 $300m^3$，不采用基础护壁；预算编制单位计算挖孔基础混凝土工程量为 $321m^3$，评审单位根据定额计算规则计算工程量为 $300m^3$，双方对此发生争议。

【案例分析】

根据《电力建设工程概预算定额使用指南　第五册　输电线路工程》规定，各种桩基础的桩孔在形成时，孔径、孔深不可能像理想状态下的设计图纸一样标准，同时，规范要求孔径、孔深不得小于设计值；各种现浇混凝土桩基础是"以土代模"（以原状土为模板），在浇制混凝土时，混凝土会向"四壁"

渗透（桩基础就是利用这个来增加混凝土与地基之间的摩擦力）。上述原因造成实际混凝土浇制工程量超过设计工程量，而超出部分同时形成工程的主体。在计算工程量时，应包含充盈量，工程量＝设计量＋充盈量，充盈量按设计规定，设计未明确充盈量时，按挖孔基础设计量的 7% 计算充盈量；当挖孔基础采用基础护壁时，基础的混凝土不计算充盈量。由于该工程不采用基础护壁，同时设计未明确充盈量，因此应按照设计量的 7% 计算充盈量。

【解决建议】

当挖孔基础不采用基础护壁时，基础的混凝土＝设计量＋充盈量，充盈量按照设计量的 7% 计算，即挖孔基础混凝土工程量＝设计量＋充盈量＝$300m^3 + 300m^3 \times 7\% = 321$（$m^3$）。

【延伸思考】

当挖孔基础采用基础护壁时，基础的混凝土工程量不计算充盈量，但计算基础现浇护壁工程量时，应计算其充盈量，充盈量按设计规定计算，设计未明确充盈量时，充盈量应按基础护壁工程量的 17% 计算。

2.3.4　垂直接地体安装（DE-2.3-4）

【案例描述】

某架空线路工程接地形式采用垂直接地体，预算编制单位在编制预算时已经套用垂直接地体定额，但并未套用水平接地体敷设定额，评审单位提出异议。

【案例分析】

垂直接地形式是由垂直接地体与水平接地体两部分构成。根据《电力建设

工程预算定额　第四册　架空输电线路工程》（2018 年版）规定，垂直接地体安装区分土质，按设计垂直接地体数量，以"根"为计量单位计算。水平接地体敷设区分是否加降阻剂，按设计水平接地体敷设长度，以"m"为计量单位计算。垂直接地体安装不包括垂直接地体之间的连接，垂直接地体之间的水平连接执行水平接地体敷设定额。因此，该工程计算接地费用时应同时套用垂直接地体定额和水平接地体敷设定额。

【解决建议】

采用垂直接地形式时，垂直接地体应按照土质情况和数量套用垂直接地体定额，垂直接地体之间的水平连接应按照长度套用水平接地体敷设定额。

2.3.5　组塔工程量（DE-2.3-5）

【案例描述】

某架空输电线路工程采用角钢塔，其中一基铁塔设计质量为 100t，铁塔全高 63m，编制预算时，编制单位考虑施工损耗以及以大代小的情况，认为铁塔总质量应为 102t，套用角钢塔塔全高 70m 以内，每米塔重 1600kg 以上定额子目；然而评审单位认为套用定额有误，应套用角钢塔塔全高 70m 以内，每米塔重 1600kg 以内定额子目。

【案例分析】

根据《电力建设工程预算定额　第四册　架空输电线路工程》（2018 年版）规定，区分角钢塔、钢管塔、塔全高和每米塔重，按设计的塔材质量，以"t"为计量单位计算。"塔全高"指铁塔呼称高与塔头的总高度之和；全方位不等高铁塔为最长腿基础顶面至塔顶的总高度；每米塔重指铁塔平均每米质量，计算公式为每米塔重＝铁塔总质量÷塔全高，其中铁塔总质量＝∑（铁塔塔身所有的型钢、联板、螺栓、脚钉、爬梯、避雷器支架等）。塔材质量不计取实际可能用尺寸大的塔材替代小的而增加的量，每米塔重计算公式中的铁塔总质量为净质量，不包括未计价材料施工损耗。

【解决建议】

按照定额的相关规定，塔材质量不计取以大代小增加量，也不包括施工损耗，在编制预算时应按照图纸计算铁塔净质量，所以评审单位的计算正确。

2.3.6　水平接地体敷设定额系数（DE-2.3-6）

【案例描述】

某架空输电线路工程采用水平接地形式。按照《电力建设工程预算定额　第四册　架空输电线路工程》（2018年版）说明，接地体敷设长度大于300m时，应按整基敷设长度定额乘0.6的系数。预算编制单位认为定额该规定为超出部分乘0.6系数，但评审单位认为总体乘0.6的系数，双方对此存在争议。

【案例分析】

《电力建设工程预算定额　第四册　架空输电线路工程》（2018年版）规定，水平接地体（不含非开挖接地）敷设按每基长度300m以内考虑，如实际长度超过时，定额乘以0.6的系数。如果按评审单位的理解，当敷设长度大于300m时，整体长度均按0.6系数调整，调整后的定额基价反而小于仅敷设300m以内时的定额基价，费用存在不合理，因此该说明应表示的是超出部分定额乘以

0.6 系数考虑。

【解决建议】

当进行接地工程施工时，如水平接地敷设长度大于 300m，建议按超出部分定额乘以 0.6 系数考虑计算费用。

【延伸思考】

定额说明可能会出现表述不清情况，容易造成歧义或者争议，一是造价人员应根据实际情况对定额说明进行验证，采用合理的计算方式或标准；二是及时向定额解释地归属部门进行专业咨询或问题答疑。

2.3.7　人工导引绳展放工程量（DE-2.3-7）

【案例描述】

某工程新建双回架空输电交流线路工程，线路路径长度（亘长）10km，地线采用一根钢绞线避雷线和一根光纤复合架空地线（optical fiber composite overhead ground wire，OPGW），需同塔同时架设。预算编制单位计算人工导引绳展放工程量按照（6+2）×10＝80（km）计算，其中 6 是指六相导线，2 是指钢绞线避雷线和 OPGW 光缆；评审单位计算人工导引绳展放工程量为 20km，与预算编制单位存在差异。

【案例分析】

根据《电力建设工程预算定额　第四册　架空输电线路工程》（2018 年版）规定，导引绳是指张力架设中的第一根引绳，定额子目按人力展放与飞行器展放两种方式设置。单回路交流架空线路工程的导线和避雷线一起架设时，单回人工展放引绳工程量应该按照亘长×1，即三相导线和两根避雷线同时架设时，统一按照一根导引绳考虑；当多回路工程人工展放引绳时，工程量＝亘长×回路数。

【解决建议】

根据《电力建设工程预算定额　第四册　架空输电线路工程》（2018年版）规定，人工展放引绳工程量＝亘长×回路数，即双回线路人工展放引绳工程量＝10km×2回路。

2.3.8　带电跨越措施费（DE–2.3–8）

【案例描述】

某单回路 220kV 架空线路工程，某一档距内需跨越某运行中的双回路110kV 线路，预算编制单位仅套用跨越电力线定额计算跨越费用；评审单位考虑该双回路 110kV 线路无法停电的情况，提出增加带电跨越电力线费用。

【案例分析】

根据《电力建设工程预算定额　第四册　架空输电线路工程》（2018年版）规定，跨越电力线定额为停电跨越，当被跨越电力线路为带电跨越时，执行"跨越电力线"定额后，增加执行"带电跨越电力线"定额。定额按被跨越电力线为单回路考虑，如被跨越电力线为多回路时，定额调整系数：双回路乘以 1.5 系数，三、四回路乘以 1.75 系数，五、六回路乘以 2.0 系数。该工程因跨越的是在运行中的双回路 110kV 线路，因此应套用跨越电力线定额和乘以 1.5 系数的带电跨越电力线定额。

【解决建议】

带电跨越措施费需根据被跨越电力线有无停电条件确定是否计算，执行"带电跨越电力线"定额时，如被跨越电力线为多回路时，定额调整系数：双回路乘以 1.5 系数，三、四回路乘以 1.75 系数，五、六回路乘以 2.0 系数。

2.3.9　重锤安装（DE-2.3-9）

【案例描述】

某单回路架空交流线路工程，耐张塔 2 基，直线塔 6 基，需在直线塔悬垂绝缘子串上加挂重锤，共计 90 片，预算编制单位按照重锤 90 片的数量套用定额计算费用；评审单位提出应按照 18 个"单相"的数量计算，双方对此存在争议。

【案例分析】

重锤主要加挂于导线悬垂绝缘子串，根据《电力建设工程预算定额　第四册　架空输电线路工程》（2018 年版）规定，重锤安装工作内容包括地面组合、利用机动绞磨和滑车组提升，安装，紧固，清理现场，工器具移运等。区分重锤质量，按设计数量，以"单相"或"单极"为计量单位计算。重锤质量按照"单相"或"单极"内所有重锤汇总质量确定。该工程虽然安装 90 片重锤，但按照"单相"计算为 18，因此应按照 18 个"单相"的数量计算安装费用。

【解决建议】

重锤安装定额已按照质量划分定额子目，应按照"单相"或"单极"内所有重锤汇总质量选择对应定额计算费用。

2.3.10 均压环、屏蔽环安装（DE－2.3－10）

【案例描述】

某单回路架空交流线路工程，耐张塔 2 基，直线塔 1 基，耐张塔上需安装 6 个均压环，6 个屏蔽环，直线塔仅安装 3 个均压环，预算人员套用定额时对如何计算均压环、屏蔽环安装工程量存在疑惑。

【案例分析】

根据《电力建设工程预算定额　第四册　架空输电线路工程》（2018 年版）规定，均压环、屏蔽环安装的工作内容包括开箱检查，地面组合，高空安装和螺栓紧固，清理现场，工器具移运等。区别电压等级和杆塔形式（直线、耐张），按设计数量，以"单相"或"单极"为计量单位计算。复合绝缘子中的均压环，不再单独执行均压环安装定额。耐张杆塔均压环、屏蔽环定额计量单位"单相"或"单极"是指每基耐张转角杆塔单侧单相或单极；同一相（级）中既有均压环又有屏蔽环，不得分别执行相应定额。因此该工程应按照 6 个"单相"套用耐张均压环、屏蔽环安装定额，3 个"单相"套用直线均压环、屏蔽环安装定额计算费用。

【解决建议】

均压环、屏蔽环安装根据工程的电压等级以及杆塔形式（直线、耐张），以"单相"或"单极"为计量单位计算，耐张杆塔的"单相"或"单极"是指每基耐张转角杆塔单侧单相或单极；安装工程量需要按照直线和耐张的不同计量方法计算，还需注意如同一相（级）中既有均压环又有屏蔽环，不得分别执行相应定额。

2.3.11　在线监测安装（DE-2.3-11）

【案例描述】

某架空输电线路工程需要在铁塔上安装在线监测装置，该装置包括蓄电池、电源控制器和太阳能板，设计单位编制预算时根据安装数量，已经套用蓄电池、电源控制器和太阳能板安装调测定额子目，以及数据采集器（杆塔）；评审单位评审时提出系统联调也应该计取费用。

【案例分析】

根据《电力建设工程预算定额　第四册　架空输电线路工程》（2018 年版）规定，架空输电线路在线监测系统由前端和后端两部分组成。前端是数据采集机，由供电（一般为太阳能或风力发电机）、数据采集、通信等系统组成；数据采集机通过预先设定的程序定时对周围的各种数据，如温度、湿度、风向等进行收集，视频探头可以不间断对周围环境进行实时监测，并对所收集数据进行分析处理后，通过无线传输方式传输至后台控制中心。后端为分析处理系统，系统对所收集的相关数据进行分析，根据分析结果有针对性地对相关杆塔采取防范措施，降低线路事故的发生。

输电线路状态监测系统构成图如图 2-5 所示。

该定额适用监测系统数据采集前端的安装与调测，后端分析处理系统安装与调测执行调试工程预算定额相关定额。数据采集器（杆塔）定额是指在杆塔（含横担）上安装数据采集器，已综合考虑安装杆塔的高度和横担水平位置。"系统联调"是指在同一杆塔上的数据采集等设备的整体调试，已综合考虑同一杆塔上数据采集器数量和类型，不同时不做调整。蓄电池、电源控制器：按设计数量，以"套"为计量单位计算。太阳能板：按设计图示尺寸，以"m²"为计量单位计算。数据采集器、数据集中器：按设计数量，以"个"为计量单位计算。系统联调，按设计数量，以"基"为计量单位计算。

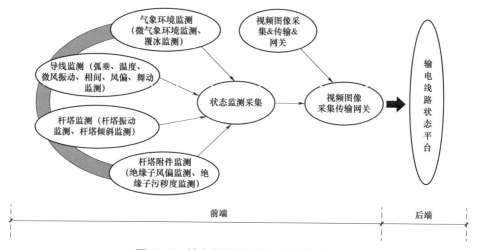

图2-5 输电线路状态监测系统构成图

【解决建议】

按照《电力建设工程预算定额 第四册 架空输电线路工程》（2018年版）规定，当安装在线监测装置时应根据蓄电池、电源控制器套数、太阳能板图示尺寸、数据采集器数量计算费用；必不可少的系统联调，应按设计数量，以"基"为计量单位计算。

2.3.12 施工道路修筑（DE-2.3-12）

【案例描述】

某架空输电线路工程需要修建施工临时道路（高差超过30cm），设计单位在编制预算时套用架空输电线路工程施工道路修筑的路床整形、道路基层、道路面层等定额子目。评审单位认为套用定额有误，费用水平需要调整。

【案例分析】

根据《电力建设工程预算定额　第四册　架空输电线路工程》(2018 年版)规定，施工道路是指工程建设期间施工临时道路，不包括线路巡检道路的施工。路床整形是指高差 30cm 以内的路面挖高填低、平整找平。平均高差 30cm 的平整，另行执行土石方工程定额。施工道路需拆除清理时，按相应定额人工、机械乘以 0.7 系数，不包括拆除清理后的渣土（石）外运，发生时执行第 1 章工地运输相应定额。因此该工程路床整形应另外执行土石方工程定额计算费用。

【解决建议】

按照《电力建设工程预算定额　第四册　架空输电线路工程》(2018 年版)规定，施工道路应为施工临时道路，其路床整形是指高差 30cm 以内的路面挖高填低、平整找平；平均高差 30cm 的平整，应另行执行土石方工程定额。

2.3.13　圆木桩工程量计算（DE-2.3-13）

【案例描述】

某电缆输电线路工程地基处理涉及打圆木桩，如图 2-6 所示，限价编制时打圆木桩工程量按 GB/T 4814—2013《原木材积表》计算为 65.805m³，但施工图预算编制人员则认为应按木桩体积（截面面积×长度）计算量为 43.45m³，工程量存在较大差异。

图2-6　原木桩

【案例分析】

　　由于电缆输电线路工程预算定额中无相关打圆木桩的定额子目可参考套用，因此限价编制时主要依据《关于印发〈广东省电网工程建设预算编制与计算规定实施细则（2018年版）〉的通知》（粤电定〔2020〕5号）中的"第二十八条电缆输电线路工程中，土石方、构筑物及辅助工程中的材料运输、通风、照明、排水、消防、围护、地基处理列入建筑工程费。定额首先采用电缆输电线路工程定额子目，不足部分采用变电建筑工程相应定额子目，统一采用变电建筑工程取费；电缆支架、桥架、托架的制作安装，电缆敷设、电缆附件、电缆防火、电缆监测系统以及调试和试验等列入安装工程费"的规定，因此按建筑工程相应定额子目计算打圆木桩费用。

　　根据《电力建设工程概预算定额使用指南　第一册　建筑工程》（2018年版），打圆木桩打桩按设计桩长（包括接桩）及桩梢径，按木桩桩体积计算工程量，不计算桩施工损耗量；木桩体积通常按照截面面积×长度计算。

　　根据《广东省市政工程综合定额　第一册　通用项目》（2018年版）相关

规定，打圆木桩按设计图示尺寸以"m³"计算，圆木桩体积按原木材积表计算，因此限价编制时考虑打圆木桩工程量按原木材积表计算。

GB/T 4814—2013《原木材积表》由国家标准化管理委员会编制，适用于所有树种的原木材积计算。

检尺径自 4～12cm 的小径原木材积的计算公式如下：$V = 0.785\,4L(D + 0.5L + 0.2)^2 \div 10\,000$。

检尺径自 14cm 以上的原木材积的计算公式如下：$V = 0.785\,4L\,[D + 0.5L + 0.005L^2 + 0.000\,125\,L\,(14 - L)^2\,(D - 10)]^2 \div 10\,000$。

其中 V 是指材积（m³），L 是指检尺长（m），D 是指检尺径（cm）。原木的检尺长、检尺径按《原木检验尺寸检量》的规定检量，检尺长是指按木材材种标准经进舍后的长度，检尺径是以小头通过断面中心的最小直径。

施工图预算编制人员认为打木桩工程量应按截面面积×长度计算木桩体积，与原木材积表的差量包含在定额材料含量中。经分析，按原木材积表与按木桩体积计算的工程量每立方偏差 0.054 5m³（一般工程使用的圆木桩为直径 15cm 的 6m 木桩，根据 GB/T 4814—2013《原木材积表》，如表 2 - 4 所示，取 14 与 16 的平均值为 0.160 5，木桩体积＝截面面积×长度＝3.14×(0.15/2)²×6＝0.106，0.160 5 - 0.106＝0.054 5），但电力建筑工程预算定额 YT3 - 64 打圆木桩中圆木含量仅为 1.13m³，从含量分析看定额含量的 0.13m³ 应该为施工损耗量，而不是原木材积表与截面面积×长度计算体积的偏差量。

电力建筑工程定额与市政定额的工程量计算方法以及人工、材料、机械消耗量不同，两类定额的基价和取费方式也存在差异，为避免审计风险，建议依据《广东省电网工程建设预算编制与计算规定实施细则》（2018 年版）和《电力建设工程预算定额第一册 建筑工程》（2018 年版）规定，木桩体积按照截面面积×长度计算。

表 2-4　　　　　　　　原木材积表（GB/T 4814—2013）

检尺径 （cm）	检尺长度（m）				
	5.6	5.8	6	6.2	6.4
	材积（m³）				
4	0.019 9	0.021 1	0.022 4	0.023 8	0.025 2
6	0.033 4	0.035 4	0.037 3	0.039 4	0.041 4
8	0.051 0	0.053 0	0.056 0	0.059 0	0.062 0
10	0.071 0	0.075 0	0.078 0	0.082 0	0.086 0
12	0.095 0	0.100 0	0.105 0	0.109 0	0.114 0
14	0.129 0	0.136 0	0.142 0	0.149 0	0.156 0
16	0.163 0	0.171 0	0.179 0	0.187 0	0.195 0
18	0.201 0	0.210 0	0.219 0	0.229 0	0.238 0
20	0.242 0	0.253 0	0.264 0	0.275 0	0.286 0
22	0.287 0	0.300 0	0.313 0	0.326 0	0.339 0
24	0.336 0	0.351 0	0.366 0	0.380 0	0.396 0

【解决建议】

因目前地基处理使用打圆木桩的情况较常见，此部分内容涉及费用较大，如工程量计算规则存在理解偏差或对所使用的计价标准不正确，易对项目总投资产生较大影响。建议优先采用《电力建设工程预算定额　第一册　建筑工程》（2018 年版）的工程量计算规则，木桩体积按照截面面积×长度计算，并按照《电网工程建设预算编制与计算规定》（2018 年版）计算施工费用，避免后期审计风险。

2.3.14　多管电缆拉管工程量（DE-2.3-14）

【案例描述】

某城区电缆工程拉管施工时，采用 10 孔外径 200mm 拉管。预算编制单位认为其孔径应为 10×200＝2000mm，而定额中最大孔径是 1400mm 以内，电力定额中没有适用的定额子目，应参考使用地方定额计算费用；评审人员认为应执行《电力建设工程预算定额　第五册　电缆输电线路工程》（2018 年版）中非开挖水平导向钻进ϕ1000 以内的定额子目，双方对此存在争议。

【案例分析】

根据《电力建设工程预算定额　第五册　电缆输电线路工程》（2018 年版）规定，非开挖水平导向钻进定额工程量以设计的轨迹长度计算，单位为 m。多管定额子目中的直径是指集束最大扩孔孔径。根据不同的孔数、孔径的组合方式，得到其最小集束直径，再根据现场地质条件、入土角度等乘 1.2～1.5 倍的系数作为最大扩孔孔径，施工组织设计或设计无要求的按 1.2 倍计算。如 10 孔外径 200mm 的拉管，根据表格查到最小集束直径是 763mm，在此基础上乘以 1.2 倍后得 915.6mm，则套用最大扩孔孔径为 1000mm 的定额子目。

【解决建议】

按《电力建设工程预算定额　第五册　电缆输电线路工程》（2018 年版）规定，非开挖水平导向钻进定额工程量以设计的轨迹长度计算，拉管管径是按集束最大扩孔孔径计算及定额选取。根据不同的孔数、孔径的组合方式，得到其最小集束直径，当施工组织设计或设计无要求的按最小集束直径 1.2 倍计算最大扩孔孔径。

2.3.15　工井浇制（DE-2.3-15）

【案例描述】

某电缆输电线路工程有 10 座直线工井、4 座转角工井、3 座四通井，直线工井按设计图示尺寸计算，如图 2-7 和图 2-8 所示，以实体体积"m³"为计量单位，凸口以"个"为计量单位。在套用定额时工井的工程量和凸口应如何计算？

【案例分析】

工井工程量计算按照定额指南中的公式进行计算：

（1）直线工井混凝土量=底部混凝土量+顶部混凝土量+井壁混凝土量

（2）转角工井混凝土量=底部混凝土量+顶部混凝土量+井壁混凝土量

其中：底部混凝土量=底板体积-集水井洞口体积-拉环；

坑洞口体积顶部混凝土量=顶板体积-人孔洞口体积井壁混凝土量=井壁体积-预留孔洞体积；

人孔的翻边（挡水）混凝土量折算进顶板混凝土量中。集水井及拉环坑的混凝土量折算进底板混凝土量中。

三通工井在计取直线工井浇制定额的同时可另计凸口，见图 2-9，但计算直线工井混凝土量时需扣除直线工井井壁上凸口孔洞的混凝土量。凸口是指工井的出口孔，一般三通工井有一个凸口、四通工井有两个凸口，依此类推；定额中考虑的凸口形状为等腰梯形，梯形尺寸为顶边 3m、底边 5m、高 2m。

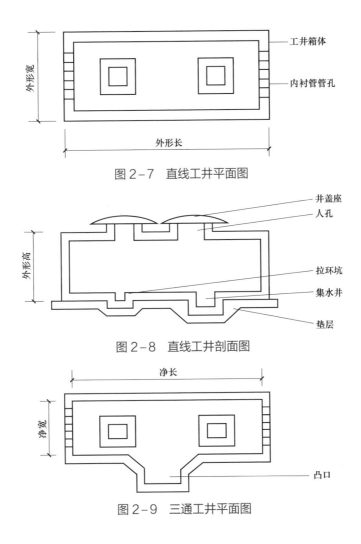

图 2-7　直线工井平面图

图 2-8　直线工井剖面图

图 2-9　三通工井平面图

【解决建议】

　　直线工井和转角工井计算工程量，应按照设计图示尺寸及相关公式计算，工程量的单位为以实体体积 "m^3"，要注意集水坑、人孔空洞的计算规则；三通工井在计取直线工井浇制定额的同时可另计凸口但计算直线工井混凝土量时需扣除直线工井井壁上凸口孔洞的混凝土量；凸口的工程量以图示数量计算。

2.3.16　电缆终端制作安装（DE–2.3–16）

【案例描述】

　　某电缆输电线路工程 110kV 单芯交联聚乙烯绝缘电缆终端为甲供物资。预算书中电缆终端安装工程量为 6 套，物资提供电缆终端数量为 18 套，设计图纸材料清册中电缆终端数量也为 18 套；评审单位认为定额安装数量 6 套，材料量应该是 6 套，认为设计单位多计算电缆头的数量，或者是根据图纸材料清册量是 18 套，安装定额量也应该是 18 套，双方对此发生争议。

【案例分析】

　　根据《电力建设工程预算定额　第五册　电缆输电线路工程》（2018 年版）规定，110kV 交联聚乙烯绝缘电缆终端制作安装的定额子目，计算单位为套/三相，三个单芯电缆头 A、B、C 三相构成为一套，即预算书的电缆终端安装应按套/三相计算工程量。设计图纸、甲供清单中表述均是单芯（单相）为一套。

【解决建议】

　　110kV 交联聚乙烯绝缘电缆终端制作安装的工程量计算规则应按定额规定套/三相计算，该案例电缆终端安装工程量为 6 套/三相。注意定额的工程量计算规则与设计图纸、物资采购的数量统计原则不同，导致定额的工程量与设计及采购数量存在差异。

2.3.17　电缆试验互联段计算（DE–2.3–17）

【案例描述】

　　某单回路 110kV 电缆输电线路工程，保护接地设计采用 4 套交叉互联接地箱，3 套直接接地箱，如图 2-10 所示。预算单位编制预算时按照 4 个互联段计算电缆试验费用；评审单位按照 6 个互联段计算试验费用，双方产生争议。

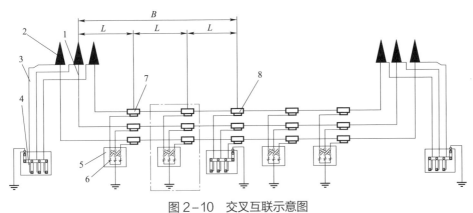

图 2-10　交叉互联示意图

1—电缆；2—终端；3—接地线；4—接地箱；5—交叉；互联接地；6—保护器；

7—绝缘接头；8—直通接头；*B*—电缆大段；*L*—电缆小段

【案例分析】

交叉互联一般是指 A 相的尾与 B 相的头接，B 相的尾与 C 相的头接，C 相的尾与 A 相的头接，把整根电缆分成 3*n* 段，这样可以把电缆芯线电流对屏蔽层的感应电流相互抵消；高压单芯电缆的屏蔽层接地，长度较远时，都采用交叉互联的方法。《电力建设工程预算定额　第五册　电缆输电线路工程》（2018 年版）《电力建设工程概预算定额使用指南　第五册　输电线路工程》规定"互联段通常在电缆线路中，为了平衡各种参数，将一个线路分为三个或三的倍数的等长线路段，在交接处 ABC 三相按顺序换位，其中一段称为一个交叉互联段。不形成一个交叉互联段的也按一段计算。"因此该工程交叉互联段数量应为 6 个。

【解决建议】

在编制预算时，应根据设计资料确定是否存在交叉互联循环，若存在，则应按照定额计算规则计算，在交接处 ABC 三相按顺序换位，其中一段称为一个交叉互联段，不形成一个交叉互联段的也按一段计算。

2.3.18   2.4m 灌注桩基础成孔（DE-2.3-18）

【案例描述】

某架空输电线路工程机械钻孔，灌注桩土质为 70%砂土、黏土，30%砂砾石，孔深 20m，孔径 2.4m。《电力建设工程预算定额   第四册   架空输电线路工程》（2018 年版）中机械推钻成孔定额子目中最大直径为孔径 2.2m 以内。预算编制单位认为灌注桩孔径越大施工难度越高，费用也越高，故按照 2.2m 以内定额基价乘以 1.07 系数计算费用；评审单位认为超出了行业定额范围，应按照地方定额计算费用。

【案例分析】

根据测算分析，如按预算编制单位的方法，执行《电力建设工程预算定额   第四册   架空输电线路工程》（2018 年版）中的 2.2m 孔径定额乘以 1.07 的系数，造价约 1987.68 元/m；采用《广东省房屋建筑与装饰工程综合定额》（2018 版）造价约 1788.38 元/m，两者相差 199.30 元/m。根据《电力建设工程预算定额   第四册   架空输电线路工程》（2018 年版）规定，定额不包括孔径大于 2.2m 的钻孔灌注桩基础成孔，发生时执行地方定额。因此应按照地方定额计算费用。

【解决建议】

针对孔径大于 2.2m 的钻孔灌注桩基础成孔，应按《电力建设工程预算定额　第四册　架空输电线路工程》（2018 年版）《电力建设工程概预算定额使用指南　第五册　输电线路工程》规定使用地方定额计算费用，当地方定额无相应定额时，建议根据 2.0m 和 2.2m 孔径的定额基价采用插值法计算 2.4m 孔径的定额基价，保证计价的合理性，以免争议出现。

2.3.19　穿越电力线费用（DE-2.3-19）

【案例描述】

某新建 110kV 架空输电线路工程需要穿越某 220kV 架空输电线路工程，设计单位编制施工图预算时对于是否需要计列穿越电力线费用存在疑问。

【案例分析】

根据《电力建设工程预算定额　第四册　架空输电线路工程》（2018 年版）相关规定，架设时需采取防护措施，可按下面方法计算：穿越电力线按被穿越线路电压等级，执行跨越电力线定额乘以 0.75 系数。如新建 220kV 线路穿越已建 500kV 线路，定额按 500kV 电力线跨越 220kV 电力线定额乘以 0.75 系数。因此由于现阶段是施工图设计阶段，并不能确定施工时是否需要采取防护措施，可按《电力建设工程概预算定额使用指南　第五册　输电线路工程》的规定暂时计列穿越电力线费用。

【解决建议】

在施工图设计阶段，由于不能确定是否需要采取防护措施，应按定额的规定计列穿越电力线费用（根据被穿越线路电压等级，按"跨越电力线"定额乘以 0.75 系数）。

2.4 通信工程

2.4.1 工业电视厂供光缆光纤熔接费用（DE－2.4－1）

【案例描述】

某 220kV 变电站新建工程按照《电网工程建设预算编制与计算规定》（2018 年版）编制招标限价，对于甲供工业电视成套的光缆是否需额外另计熔接费，编制单位与评审单位发生争议。编制单位认为应另行计算；评审单位认为工业电视安装定额已含光缆熔接，不应另计。

【案例分析】

根据《电力建设工程预算定额　第七册　通信工程》（2018 年版）中规定的视频管理机安装调测的定额人材机消耗量，见表 2－5。

表 2－5　　　　　　　　　　视频管理机安装调测

工作内容：技术准备、开箱检查、设备初检、检查基础、安装设备、接线调整、通电检查、单机性能测试、试运行。

定额编号		YZ8－13	YZ8－14	YZ8－15
项目		前端视频管理机		
		4 路以下	16 路以下	16 路以上
单位		台	台	台
基价（元）		261.41	468.66	632.89
其中	人工费（元）	100.37	236.58	329.77
	材料费（元）	125.52	125.52	125.52
	机械费（元）	35.52	106.56	177.60

续表

定额编号		YZ8－13	YZ8－14	YZ8－15
项目		前端视频管理机		
		4 路以下	16 路以下	16 路以上
名称	单位	数量		
人工　安装技术工	工日	0.938 0	2.211 0	3.082 0
计价材料　软铜绞线　35mm²	m	5.000 0	5.000 0	5.000 0
铜接线端子　100A	个	4.000 0	4.000 0	4.000 0
标签色带（12～36）mm×8m	卷	0.500 0	0.500 0	0.500 0
乙醇	kg	0.100 0	0.100 0	0.100 0
脱脂棉	卷	0.100 0	0.100 0	0.100 0
其他材料费	元	2.460 0	2.460 0	2.460 0
机械　电视测试信号发生器	台班	1.000 0	3.000 0	5.000 0

工业电视安装的工作内容中未包括光缆熔接的内容，其消耗量中也未出现光缆熔接机台班（光缆熔接主要使用的机械），因此评审单位的理由并不成立。

【解决建议】

光纤熔接应执行厂站内光缆熔接定额，费用另计。

【延伸思考】

该案例中评审单位犯了想当然的错误，首先某个设备安装定额包括的工作内容，并不应该由厂家供货的设备材料范围决定；其次工业电视的连接方式并不只有光缆一种，同轴电缆也是常用的连接，但光缆与同轴电缆的连接费用相差百倍，因此如果线缆连接计入设备安装定额会导致定额费用差异极大很难综合考虑，这也是设备安装定额普遍不含外部连接线缆的一个原因。

2.4.2　光缆全程测量（DE-2.4-2）

【案例描述】

《电力建设工程预算定额　第四册　架空输电线路工程》（2018 年版）架线工程章说明提出"OPGW 接续工程量按接头个数计算，只计算架空部分的连接头，光纤进出线两端的架构连接盒至通信机房部分执行《电力建设工程预算定额　第七册　通信工程》（2018 年版）"。那么光缆全程测量应是两变电站构架处连接盒之间，还是两站光端机到光端机之间测量？

【案例分析】

架空进站光缆的连接顺序：两端变电站之间的光缆线路使用 OPGW 光缆架空，进站时以架空光缆从进站架构下引至架构接头盒，然后沿地下路径敷设至站内 ODF 架的光配单元。此部分属于进站光缆的设计范围。之后光配单元使用跳纤引至光端机的部分属于站内通信设计范围。

根据《电力建设工程预算定额　第七册　通信工程》（2018 年版）规定，光缆全程测试指从本端光配单元到对端光配单元之间的全程测试。

【解决建议】

光缆全程测试指从本端光配单元到对端光配单元之间的全程测试。

2.5　调试工程

2.5.1　智能组件的安装调试定额套用（DE-2.5-1）

【案例描述】

关于智能变电站在线监测装置的安装调试应套用哪项定额，部分造价人员的理解存在偏差。

一种观点认为应套用《电力建设工程预算定额　第三册　电气设备安装工程》（2018 年版）中"10.5.1 保护装置安装"和"12.4 保护装置调试"定额子目。

另一种观点认为应套用《电力建设工程预算定额　第三册　电气设备安装工程》（2018 年版）中"5.10 智能组件安装"定额子目。

【案例分析】

智能变电站在线监测装置旨在为智能化变电站提供一种可靠、安全的在线监测、故障诊断与设备维护手段，实时了解变电设备的运行状况及故障信息，确保设备安全稳定地运行。目前国内针对 HGIS、GIS 设备、主变压器、高压电抗器、避雷器等主设备均已开发出在线监测装置。

在《电力建设工程预算定额　第三册　电气设备安装工程》（2018 年版）第五章中新增在线监测智能组件柜安装共 11 个定额子目，分别为测量 IED、变压器局部放电监测 IED、变压器油色谱在线监测 IED、变压器铁芯接地电流监测 IED、绕组光纤测温 IED、电容式套管电容量介质损耗因数监测 IED、变压器振动监测 IED、断路器/GIS 局部放电监测 IED、断路器机械特性监测 IED、气体密度水分监测 IED、避雷器绝缘监测 IED，各项定额工作内容包括本体安装、固定、元器件安装及校线、接地、单体调试。

因此，智能变电站在线监测装置的安装及单体调试可套用以上定额子目。

如果是智能变电站在线监测装置的分系统调试可套用《电力建设工程预算定额　第六册　调试工程》（2018 年版）相关定额子目。

【解决建议】

变电站在线监测装置的本体安装及单体调试应套用《电力建设工程预算定额　第三册　电气设备安装工程》（2018 年版）第 5 章中"智能组件安装"相关定额子目；其分系统调试应套用《电力建设工程预算定额　第六册　调试工程》（2018 年版）中相关定额子目。

2.5.2　启动备用变压器的油样送检费用（DE-2.5-2）

【案例描述】

根据 GB 50150—2016《电气装置安装工程电气设备交接试验标准》，电力变压器的试验项目应包括"绝缘油试验或 SF_6 气体试验"，对于启动备用变压器而言，电力行业定额是否已包含启动备用变压器的油样送检费用？如没有包含，是否可以另行计费。

【案例分析】

根据《电力建设工程预算定额　第三册　电气设备安装工程》（2018 年版）第 2 章说明，绝缘油样的取样和试验，发生时执行《电力建设工程预算定额　第六册　调试工程》（2018 年版）相应定额子目。

《电力建设工程预算定额　第六册　调试工程》（2018 年版）第 7 章"绝缘油综合试验"定额子目工作内容包括：① 准备取样工器具；② 取样前准备工作；③ 按照不同试验项目对油样的要求进行取样；④ 仪器参数设定；⑤ 启动测量，包括绝缘油瓶取样、注射器取样、介质损耗及体积电阻率试验、水溶性酸值（pH 值）试验、酸值试验、闭口闪点试验、界面张力试验、水分（微水）试验、色谱分析试验、油中含气量试验、油中颗粒度试验、油泥与沉淀试验等调试技术规范要求的试验项目；⑥ 检查试验数据记录。

以上工作内容已包含了绝缘油的取样和试验，可直接套用该定额子目。

【解决建议】

启动备用变压器的油样送检费用可套用《电力建设工程预算定额　第六册调试工程》（2018 年版）第 7 章"绝缘油综合试验"定额子目。

2.5.3　主变压器保护装置单体调试（DE-2.5-3）

【案例描述】

关于主变压器安装定额是否包含主变压器保护单体调试工作内容，部分造价人员的理解存在偏差。

一种观点认为主变压器安装定额已包含变压器保护装置单体调试工作内容，不应另套其他定额。

另一种观点认为变压器安装定额未包含变压器保护装置单体调试工作内容，应套用《电力建设工程预算定额　第三册　电气设备安装工程》（2018 年版）中"12.4 保护装置调试"定额子目。

【案例分析】

主变压器安装定额是否包含主变压器保护单体调试工作内容应区分概预算定额进行分析。

根据《电力建设工程预算定额　第三册　电气设备安装工程》（2018年版），变压器安装定额工作内容包括"本体安装，端子箱、控制箱安装、设备本体电缆安装，引下线安装，铁构件制作安装，油过滤，接地，单体调试"。保护盘台柜安装定额工作内容包括"本体安装，柜间小母线安装，基础槽钢制作安装，设备本体电缆安装，接地，单体调试。单体调试中电厂单体调试包含各电压等级的变压器保护装置单体调试、发电机主变压器组保护装置单体调试、送电线路保护装置单体调试、母线保护装置单体调试、母联保护装置单体调试；变电站包含各电压等级的变压器保护装置单体调试、送电线路保护装置单体调试、母线保护装置单体调试、母联保护装置单体调试、断路器保护装置单体调试、变电站自动化系统测控装置单体调试"。

因此概算定额中，变压器安装定额未包含变压器保护装置单体调试工作内容，该工作内容已综合考虑在保护盘台柜安装定额中。

根据《电力建设工程预算定额　第三册　电气设备安装工程》（2018年版），三相变压器和单相变压器安装定额工作内容包括"开箱检查，本体安装，器身检查，附件安装，设备本体电缆安装、检查接线、垫铁及止轮器制作、安装，补充注油及安装后整体密封试验，接地，补漆，单体调试"；保护装置调试定额工作内容包括"保护装置及各附属单元调试（仪表、变送器等）；盘内查线；保护整定；柜内整组试验"。

因此预算定额中，变压器安装定额也未包含变压器保护装置单体调试工作内容，如发生时应执行"12.4　保护装置调试"定额子目。

【解决建议】

概预算定额中，变压器安装定额均未包含变压器保护装置单体调试工作内容，概算定额中该工作内容已综合考虑在保护盘台柜安装定额中；预算定额中该工作内容应执行"12.4　保护装置调试"定额子目。

2.5.4　10kV 互感器误差测试定额套用（DE-2.5-4）

【案例描述】

某变电站工程，特殊调试需要进行 10kV 互感器误差测试。定额系数调整说明为"10kV 互感器试验可参照 35kV 互感器误差试验定额乘以系数 0.3"；但 35kV 互感器误差试验还有系数调整说明为"各互感器误差试验第 16～20 组定额系数乘以 0.7，第 21 组及以上定额系数乘以 0.6"。结算审核单位按第 16～20 组的系数累加计算后发现定额调整系数结果为 0，没有费用；但施工单位认为不合理，应该按最小系数执行，由此造成争议。

【案例分析】

如果按一般理解，复数定额系数调整按叠加的方式，则当第 16～20 组时定额系数为 $[1+(-0.7)+(-0.3)]=0$；第 21 组及以上定额系数为 $[1+(-0.8)+(-0.3)]=-0.1$，会出现定额系数不合理的情况。

但实际上这个 10kV 互感器的调整系数是对定额基价的调整，是连乘系数；而互感器组数的调整系数是考虑规模效益增加导致的施工费用降低，是累加系数，因此这两个系数是不应该进行累加运算的。

【解决建议】

10kV 互感器误差调试定额规定的 0.3 系数，按连乘系数原则执行。

2.5.5 变电站整套启动调试定额调整系数（DE-2.5-5）

【案例描述】

某 220kV 变电站扩建 220kV 主变压器 1 台，同时又扩建 220kV 出线间隔 1 个，在编制预算时，整套启动调试定额调整系数如何计算？

【案例分析】

依据《电力建设工程预算定额 第六册 调试工程》（2018 年版）扩建主变压器时：变电站（升压站）试运、变电站监控系统调试、电网调度自动化系统、二次系统安全防护系统调试乘以系数 0.5，该系数按照扩建主变压器数量进行调整，每项定额调整系数不超过 1。

扩建间隔时：变电站（升压站）试运、变电站监控系统调试、电网调度自动化系统、二次系统安全防护分系统调试乘以系数 0.3，该系数按照扩建间隔数量进行调整，每项定额调整系数不超过 1。

【解决建议】

该案例扩建 220kV 主变压器 1 台、同时又扩建 220kV 出线间隔 1 个；电站（升压站）试运、变电站监控系统调试、电网调度自动化系统、二次系统安全防护分系统调试应乘以系数 0.8。

【延伸思考】

若扩建主变压器同时又扩建多个出线间隔、多个线路保护改造时，定额调整系数允许累加计算，但当调整系数累计结果大于 1 时，按 1 计算。

2.5.6 500kV 变压器分系统调试定额套用（DE‑2.5‑6）

【案例描述】

现有 500kV 单相自耦无励磁调压电力变压器，单台（单相）容量 250MVA，1 组 3 台共计容量 750MVA。在使用《电力建设工程预算定额　第六册　调试工程》（2018 年版）时，变压器分系统调试套用调试定额 YS5‑16 电力变压器分系统调试单相 250 000kVA 子目，按 1 系统计算？还是按 3 系统计算？

【案例分析】

《电力建设工程预算定额　第六册　调试工程》（2018 年版）单相变压器分系统调试是以单相.台为一个系统。

【解决建议】

该案例执行 YS5‑16 电力变压器分系统调试，按 3 系统计算。

2.6 配电网工程

2.6.1 灌注桩基础机械推钻成孔（DE‑2.6‑1）

【案例描述】

《20kV 及以下配电网工程预算定额　第三册　架空线路工程》（2016 年版）中灌注桩基础的机械推钻成孔按照不同地质、孔深和孔径设置了定额子目，但定额中仅设置了孔径 0.8m 和 1.2m 步距的子目，某工程采用 1m 孔径的灌注桩基础，在编制预算时，孔径 1m 的机械推钻成孔应如何计价，在套用定额时孔深是否按照累加钻孔深度计算，预算编制人员存在一定疑惑。

【案例分析】

根据《20kV 及以下配电网工程预算定额使用指南》（2016 年版）相关规定，灌注桩基础机械推钻成孔定额按照地质、孔深、孔径设置定额子目，凡一孔中有不同土质时，应按设计提供的地质资料分层计算，定额子目按总深度套用，工程量分层按各层深度计算；灌注桩基础钻孔定额套用定额子目时，孔径不足 0.8m 按 0.8m 计取，孔径超过 0.8m 按实际尺寸根据相邻定额步距按插值法进行调整。

插值法公式为

$$(B_2 - B)/(B - B_1) = (a_2 - a)/(a - a_1)$$

则有

$$B = [B_2(a - a_1) + B_1(a_2 - a)]/(a_2 - a_1)$$

式中　a——实际孔径，介于定额步距孔径 a_1、a_2 之间；

　　　a_1——小于 a 的孔径；

　　　a_2——大于 a 的孔径；

　　　B——实际应该套用的定额单价（人工、材料、机械和基价）；

　　　B_1——对应 a_1 孔径的定额单价（人工、材料、机械和基价）；

　　　B_2——对应 a_2 孔径的定额单价（人工、材料、机械和基价）。

【解决建议】

灌注桩基础钻孔定额套用定额子目时按总深度套用，工程量分层按各层深度计算，并按插值法计算孔径为 1m 的定额子目的基价水平，保证定额计价的准确性。

2.6.2　架空敷设导线工程量的计算（DE-2.6-2）

【案例描述】

某 10kV 架空线路工程，亘长 800m，架设所用导线长 2520m，设计单位编制预算时按照导线 2520m 的工程量计算架设费用；评审单位认为应依据导线架设的计算规则，以线路单根亘长为单位，按 2400m 计算费用。

【案例分析】

根据《20kV 及以下配电网工程预算定额使用指南》（2016 年版）相关规定，钢芯铝绞线定额按照导线截面划分定额子目，以单根亘长"100m"为计量单位；导线材料长度与线路的亘长是不同的，不能以导线长度作为敷设工程量计算费用，应按照工程量计算规则，以线路单根亘长为单位计算工程量。

【解决建议】

导线架设定额工程量按照单根亘长计算，不能按照导线长度计算。导线主材用量按照设计用量计列，应考虑亘长、弛度、跳线增加量以及施工损耗等因素。

2.6.3　跳线制作及安装工程量（DE-2.6-3）

【案例描述】

某进户线（下户线）接入低压架空线路工程，如图 2-11 所示。线路耐张杆处与进户线连接，预算编制单位执行跳线安装定额；评审单位意见跳线安装已包含在架线定额子目，不应再计算费用。

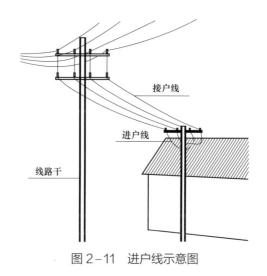

图 2-11　进户线示意图

【案例分析】

根据《20kV及以下配电网工程预算定额　第三册　架空线路工程》（2016年版）相关规定，架设钢芯铝绞线的工作内容为：挂卸滑车、放线、连接、金具安装、架线、紧线、调整弧垂、绑扎、清理、工器具移运，说明下户线与架空线路连接处的液压线夹的安装，并未包含在架线定额子目中。由于其施工流程及工艺与跳线制作及安装的基本一致，跳线制作及安装的工作内容为丈量、切割、连接、挂线、整理、清理、工器具移运。因此可以参考使用跳线制作及安装的定额计算安装费用。

【解决建议】

下户线与架空线路连接处的液压线夹安装，并未包含在架线定额子目中，可参考使用跳线制作及安装定额计算费用。

2.6.4　施工操作裕度（DE-2.6-4）

【案例描述】

某 10kV 电缆工程采用现浇混凝土沟道，开挖土方时沟道两侧采用挡土板方式支撑，编制预算计算土方量时，编制单位计算施工工作面宽度为 600mm，评审单位计算施工工作面宽度为 800mm。

【案例分析】

根据《20kV 及以下配电网工程预算定额　第四册　电缆工程》（2016 年版）相关规定，挖掘过程中因少量坍塌而多挖的土石方工作量已包含在定额内；挖方需要支挡土板时，其宽度按设计底宽单面加 100mm，双面加 200mm 计算；挡土板面积按垂直支护面积计算，支挡土板后不得计算放坡。同时《20kV 及以下配电网工程预算定额使用指南》（2016 年版）中有施工工作面宽度的相关规定，具体见表 2-6 和表 2-7；计算土方量时需要考虑工作面宽度，但不能计算放坡，编制单位计算的 600mm 未考虑支挡土板宽度。

表 2-6　　　　　　　　　施 工 工 作 面 宽 度

序号	名称	操作裕度（m）
1	砌砖基础、沟道	0.2
2	混凝土基础、沟道支模板	0.3
3	砌石基础、沟道	0.15
4	立面做防水层	80

注　1. 按垫层宽度计算每边增加量，无垫层时按基础宽度计算。
　　2. 搭拆双（单）排脚手架时，搭拆侧按照 1500mm（1200mm）计算工作面。

表 2-7　　　　　　　　　　　放　坡　系　数

土壤类别	放坡起点（m）	人工搭土	机械坑内挖土	机械坑上挖土
普土	1.20	1:0.5	—	—
坚土	1.80	1:0.3	—	—
松砂石	1.20	1:0.5	—	—
土方	1.20	—	1:0.33	1:0.53
松砂石	1.20	—	1:0.33	1:0.53

注　淡泥、流砂、岩石，均不放坡。

【解决建议】

电缆现浇沟道施工工作面宽度＝单侧施工工作面×2 侧＋两侧挡土板支护宽度＝300×2＋200＝800mm，当电缆工程采用支挡土板方式挖方时，编制预算时不仅要考虑由于支挡土板而增加的宽度，还要考虑施工工作面宽度。

2.6.5　砖砌体工程量（DE-2.6-5）

【案例描述】

某电缆工程新建砖砌沟道，编制预算套用预算定额 PL1-73 砖砌体子目，计算未计价材料时，定额没有说明水泥砂浆和标准砖的用量，设计图纸也未明确用量，请问如何计算水泥砂浆和标准砖材料用量。

【案例分析】

根据《20kV 及以下配电网工程预算定额　第四册　电缆工程》（2016 年版）相关规定，电缆砌筑工程砖砌体定额的未计价材料包括砂、石、水、水泥、砖，但并没有说明水泥砂浆和标准砖的工程量，由于一般情况下，设计图纸也不会说明水泥砂浆和标准砖的工程量，使造价人员对材料用量的计算没有依据。

由于电缆工程砖砌体沟道与建筑工程砖地沟、电缆沟施工工艺和标准基本一致，材料用量基本相同，因此可以参考执行建筑工程预算定额中 PT3-6 砖地沟、电缆沟定额子目。

【解决建议】

建议参考建筑工程预算定额中 PT3-6 砖地沟、电缆沟定额中的水泥砂浆及标准砖的用量情况，计算未计价材料量。

2.6.6　排管敷设费用（DE-2.6-6）

【案例描述】

某 10kV 电缆工程采用排管形式敷设电缆，排管长 10m，中间有 16 根 ϕ100PVC 管道，分 4 层，每层 4 根，排管之间采用细石混凝土填实包封，设计单位编制预算时套用 PL1-133 排管敷设定额子目，并按照 160m 的长度计算费用；评审单位认为 PL1-133 不适用排管敷设，应该套用 PL1-108 电缆保护管敷设（塑料管 ϕ100）定额子目。

【案例分析】

根据《20kV 及以下配电网工程预算定额　第四册　电缆工程》（2016 年版）相关规定，PL1-108 电缆保护管敷设（塑料管）定额子目工作内容包括沟底夯实、锯管、弯管、接口、敷设、临时堵管口等；而 PL1-133 排管敷设是特指排管工程中敷设内衬管、通管、清理、临时堵管口等。因此，该工程应套用 PL1-133 排管敷设定额子目。

【解决建议】

当配网电缆工程采用排管敷设时，管道敷设应套用 PL1-133 排管敷设定额子目。当采用电缆保护管敷设时，应根据管道材质和直径按照"100m"为计量单位，套用电缆保护管敷设定额子目计算相应费用。

2.6.7　电缆敷设费用（DE-2.6-7）

【案例描述】

某 10kV 电缆工程需在电缆沟道内敷设电缆，由于施工中需要采取沟内气体检测及鼓风机等措施费用，同时在电缆转弯处还需要安装临时导轨用于敷设，预算人员在计算敷设电缆费用时对于如何套用定额产生疑问。

【案例分析】

根据《20kV 及以下配电网工程建设预算编制与计算规定》（2016 年版）相关规定，安全文明施工费包括有害气室内或地下工程装设的强制通风装置或有害气体监测装置购置、租赁、检测、维护、保养费用。因此沟内气体检测及鼓风机等措施费用属于安全文明措施，已经包含在安全文明施工费中，无需套用定额计算费用。

根据《20kV 及以下配电网工程预算定额　第四册　电缆工程》（2016 年版）相关规定，电缆沟（隧）道内电力电缆敷设的工作内容包括：开盘、检查、架线盘、敷设、锯断、配合试验、临时封头、挂牌、卡固、牵引头制作、工器具移运等；转弯处的电缆导轨属于施工过程中必备措施工作，属于临时性的，此费用已在电缆敷设定额中综合考虑。

【解决建议】

10kV 电缆工程在电缆沟道内敷设电缆时，沟内气体检测及鼓风机等措施费用含在安全文明措施费中，无需套用定额计算费用；转弯处的电缆导轨（临时性）属于施工过程中必备措施工作，此费用已在电缆敷设定额中综合考虑，无需另行考虑。

2.6.8 肘型电缆终端制作安装（DE-2.6-8）

【案例描述】

某新建 10kV 电缆工程在终端处已经安装电缆终端头，需要再装入开关箱或箱式变压器里，设计单位编制预算时同时套用了终端头制作安装定额和肘型电力电缆终端头制作安装定额；评审单位认为应直接套用肘型电力电缆终端头制作安装定额即可。

【案例分析】

肘型电缆头是用在环网柜或箱式变压器里的一种电缆头，和普通电缆头形式有所不同，像手肘一样。根据《20kV 及以下配电网工程预算定额 第四册 电缆工程》（2016 年版）相关规定，肘型电力电缆终端头制作安装的工作内容包括：检查绝缘、搭拆脚手架、定位、量尺寸、锯断、剥切、锯钢甲、剥除屏蔽层和绝缘层、清洗、缠密封胶、套缩手套和绝缘管和应力控制管、压接线端子、套缩附管及相色管、焊接地线、清理现场、挂标牌、配合试验。根据其工作内容可知，肘型电力电缆终端头制作安装已经包含终端制作安装的全部工作内容，因此仅需套用肘型电力电缆终端头制作安装定额计算费用。

【解决建议】

当 10kV 电缆工程需要制作安装电缆终端头后，再装入开关箱或箱式变压器里时，仅需套用肘型电力电缆终端头制作安装定额计算费用。

2.6.9 10kV 电缆试验（DE-2.6-9）

【案例描述】

某新建双回路电缆线路，当编制预算计算电缆试验费用时，设计单位认为是在同一地点试验，按照定额计算规则第二回路试验费用应按照 60%计算；评审单位则认为两回路试验不是同一地点，实际试验地点有一段距离，第二回路应该按照 100%计算费用。

【案例分析】

该工程产生争议的主要原因是设计单位和评审单位对于"同一地点"的理解存在差异。根据《20kV 及以下配电网工程预算定额使用指南》（2016 年版）相关规定，电缆试验在同一地点做两路及以上试验时，从第二回路起定额乘以 0.6 的系数，但并没有对"同一地点"做出详细的解释；"同一地点"试验，从第二回路起定额乘以 0.6 系数的主要原因是省去了试验设备移运及布置的工作，因此将"同一地点"可以理解为试验设备没有移动或移动距离有限时的情况。

【解决建议】

建议将"同一地点"可以理解为试验设备没有移动或移动距离有限时的情况，如果一个工程涉及范围不大，同时试验地点相对集中，应按照"同一地点"

考虑，从第二回路起按照 60%计算。

2.6.10　局部放电试验（DE-2.6-10）

【案例描述】

某 10kV 电缆工程，电缆长度 4km，敷设完成后需要进行局部放电试验，设计单位编制预算时按照定额规定，局部放电试验定额按线路长度 1km 以内考虑，电力电缆线路长度每增加 1km（不足 1km 按 1km 计算），定额人工、机械费调增 40%，计算试验费用；评审单位认为该工程线路长度已经超过 3km，应按照实际施工方案计算试验费用。

【案例分析】

根据《20kV 及以下配电网工程预算定额　第四册　电缆工程》（2016 年版）相关规定，电力电缆试验中绝缘摇测试验、交流耐压试验和局部放电试验定额按线路长度 1km 以内考虑；电力电缆线路长度每增加 1km（不足 1km 按 1km 计算），定额人工、机械费调增 40%；交流耐压试验最大试验长度不超过 5km，局部放电试验最大试验长度不超过 3km，试验长度超过规定值的，按照施工方案另行计价。因此该工程应按照实际施工方案计算试验费用。

【解决建议】

按照《20kV 及以下配电网工程预算定额　第四册　电缆工程》（2016 年版）相关规定计算局部放电试验费用，局部放电试验定额按线路长度 1km 以内考虑，电缆线路每增加 1km，定额人工、机械费调增 40%；局部放电试验最大试验长度不超过 3km，试验长度超过规定值的，按照施工方案另行计算。

2.6.11 导线架设工程量（DE-2.6-11）

【案例描述】

某单回路 10kV 架空线路工程，线路路径 1.438km，其中耐张杆 9 基、直线杆 17 基，导线采用钢芯铝绞线。预算编制单位将跳线用量计入架设量，计算导线架设工程量为 4.530km；评审单位根据定额计算规则，调整导线架设工程量为 4.314km。

【案例分析】

根据《20kV 及以下配电网工程预算定额使用指南》（2016 年版）相关规定，钢芯铝绞线定额按照导线截面划分定额子目，以单根亘长"100m"为计量单位，未计价材料包括导线和金具。因此架设定额工程量应按单根导线亘长计算，即 $3 \times 1.438 = 4.314$km，导线和金具用量应根据设计量确定。

【解决建议】

导线架设定额工程量按照单根亘长计算。导线主材用量按照设计用量计列，应考虑亘长、弛度、跳线增加量以及施工损耗等因素。

第3章 定额价格水平

定额价格水平通常为费用计算时容易发生争议的环节，本章以案例的形式，着重介绍对于调整费用文件依据的取定原则、价格水平调整方法、特殊费用如余土外运的费用调整原则等，希望学员能掌握定额价格水平调整的相关内容。

3.1 非开挖水平导向钻进系数（DE-3-1）

【案例描述】

某电缆输电线路工程采用非开挖水平导向钻进施工，勘探报告中地质描述为全风化、强风化岩石地质。预算编制单位编制预算时将非开挖水平导向钻进定额乘以 5.2 系数计算钻进费用；评审单位根据定额计算规则及勘探报告认为应乘以 1.6 系数，双方发生争议。

【案例分析】

非开挖水平导向钻进系数不一致的原因在于各单位对土质划分存在差异。根据《电力建设工程预算定额　第五册　电缆输电线路工程》（2018 年版）相关规定，非开挖水平导向钻进定额按普通土土质考虑，施工中遇坚土、松砂石土质，定额乘以系数 1.6；遇泥水、流砂土质，定额乘以系数 1.7；遇岩石地质，定额以乘系数 5.2。因此非开挖水平导向钻进的系数需要根据工程实际土质情况确定，建议由设计单位出具地勘报告基础土层分类描述与定额中土质分类描述的对应说明，然后以此判断土质，从而确定所乘系数，保证费用的合理性。

【解决建议】

建议参考架空输电线路工程土质问题的解决方式，由设计单位出具地勘报告基础土层分类描述与定额中土质分类描述的对应说明，然后预算编制单位根据对应说明计算非开挖水平导向钻进费用。

3.2 拉森桩支护费用（DE-3-2）

【案例描述】

某电缆输电线路工程，需在市区修建电缆沟，因场地原因需采用拉森桩支护进行施工，编制预算时没有使用电缆输电线路工程预算定额中的支撑搭拆定额子目，因为该子目定额基价水平较低，仅适用于工井、凸口和排管土方的开挖，并不适用于电缆沟的开挖支护，而只能借用建筑工程预算定额机械打钢板桩（桩长6m以内）定额和机械拔钢板桩（桩长6m以内）定额，但是费用水平较高，与实际施工相差较大。

【案例分析】

根据《电力建设工程概预算定额使用指南 第一册 建筑工程》的相关规定，当钢板桩、钢管桩重复利用时，每打入一次按照20%桩消耗量计算；定额综合考虑了桩维修、桩占用时间，执行定额时不做调整。该工程实际现场使用的拉森桩采用租赁形式，线路作业分段施工，桩占用时间短、周转次数多，实际周转次数达到20次以上，因此造成实际费用与编制的预算费用差别较大。

【解决建议】

由于建筑工程和电缆输电线路工程特点不同，桩的周转摊销差异较大，建议电缆输电线路工程预算定额中增加电缆沟开挖的拉森桩支护相应定额子目或说明，以满足实际工程造价需要。

3.3　余土外运费用（DE‑3‑3）

【案例描述】

某输电线路工程存在余土（回填后剩余土方）外运，预算编制单位编制预算时按照输电线路工程预算定额相关规定，套用工地运输定额计算费用，但在评审单位认为余土外运费用应套用建筑工程预算定额相关子目计算，双方产生争议。

【案例分析】

根据《电力建设工程预算定额　第四册　架空输电线路工程》（2018 年版）相关规定，余土处理，一般工程不予考虑，需要时，可考虑余土运至允许堆弃地，其运距超过 100m 部分可列入工地运输。余土运输量的计算：① 灌注桩钻孔渣土按桩设计 0m 以下部分体积（m³）×1.7t/m³（其中 0.2t/m³ 为含水量）计算。② 现浇和预制基础基坑余土按地面以下混凝土体积（m³）×1.5t/m³ 计算；如基础土质为湿陷性黄土，按地面以下混凝土体积（m³）×1.5t/m³×30% 计算。③ 挖孔基础基坑余土按地面以下混凝土体积（m³）×1.5t/m³ 计算。建筑工程和输电线路工程的施工特点、具体施工过程、计价取费以及实际施工成本均不一致，如套用建筑工程定额将与实际不符，因此应执行输电线路工程预算定额，但当施工现场当地政府有特殊要求时，也应按照政府要求计算费用。

【解决建议】

如政府有特殊要求时，输电线路工程余土外运应按照工程所在地政府关于余土外运的相关标准计算费用；当政府无特殊要求或无政府文件时，可根据《电力建设工程预算定额　第四册　架空输电线路工程》（2018 年版）相关规定，结合实际运输情况，余土外运运距超过 100m 以上部分套用工地运输定额子目计算费用。

3.4　变电站泵送混凝土增加费用（DE–3–4）

【案例描述】

某工程施工图预算编制过程中，预算编制单位业主确认施工单位施工方案设置混凝土泵进行泵送浇筑变电站主体结构，施工单位编制结算参考地方定额 A1–5–51 泵送混凝土增加费用约 22.71 元/m^3，结算审核单位按《电力建设工程预算定额》（2018 年版）规定，定额中混凝土施工以机械运输为主、人工浇注，当工程施工采用混凝土输送泵浇注时，施工现场制备（搅拌）的混凝土按照本定额附录 D 相应的单价进行调整；每浇注 $1m^3$ 混凝土成品增加机械费 9.7 元，减少人工费 10.4 元。泵送混凝土工程量按照施工实际数量计算的规定进行调整。

【案例分析】

项目涉及业主对施工单位施工方案确认增加费用问题，施工单位按地方定额 A1–5–51 泵送混凝土增加费用约 22.71 元/m^3，不符合合同结算定额条款；

结算审核单位根据预算定额建筑分册总说明第十二点要求进行对主体结构桩基础、柱梁板等构件浇筑每立方米材料增加 18.9 元，机械费增加 8.5 元，人工费减少 10.6 元，项目为采用商品混凝土，主材价格按当期泵送商品混凝土信息价。

【解决建议】

建议按合同结算原则，根据电力建设工程预算定额总说明第十二点要求进行对主体结构桩基础、柱梁板等构件浇筑每立方米材料增加 18.9 元，机械费增加 8.5 元，人工费减少 10.6 元，项目为采用商品混凝土，主材价格按当期商品混凝土信息价（不含泵送）调差。

【延伸思考】

各定额体系结构考虑行业施工技术水平和施工管理水平不一致，应按原合同签订的结算条款和定额体系进行结算。

第4章 取费相关内容

取费即工程费用的计算，建筑安装工程在按照定额子目小计各分项工艺程序定额基价后，根据《电网工程建设预算编制与计算规定》（2018 年版）的规定依次乘以相关费率计算措施费、安全文明施工增加费、企业管理费、规费、利润、税金并计算设计费、监理费等其他费用的过程。由于费用通常以费率形式体现，使用者对于该费用包括的范围、计算方式、费用归属等内容常产生争议，但实际在《电网工程建设预算编制与计算规定》（2018 年版）均有明确规定，本章仍以案例形式介绍相关原则性内容，以供学员了解。

4.1 设备及安全文明标识牌费用计列（DE-4-1）

【案例描述】

承包方承揽的某项目约定工程量计算规则套用《电网工程建设预算编制与计算规定》（2018 年版）的预算定额计算施工合同费用，设备由发包方提供。承包方在完成电气设备安装施工后，发包方要求其采购及悬挂设备标识牌（如"高压危险"、设备名称及编码、相序、防踏空标识等）供运行使用，承包方认为此工作不包含在建筑安装工程费用中，要求发包方承担相关费用。

【案例分析】

根据《电网工程建设预算编制与计算规定》（2018 年版）概算定额，设备安装定额的工作内容中已包括设备标识牌的安装，此类设备标识牌又称设备铭牌，是购置的设备出厂时已附带在设备本体上，用于标识设备名称、规格、厂家名称等展示信息的用途。如图 4−1 所示。

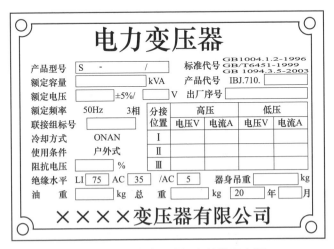

图 4−1　电力变压器设备铭牌示意图

在《电网工程建设预算编制与计算规定》（2018 年版）中，安全文明施工费包含安全文明标识牌的费用，可以起到在施工过程中督促、警醒施工人员安全作业的作用，如图 4−2 所示。

图 4−2　工地施工安全标识牌

在《电网工程建设预算编制与计算规定》（2018 年版）中，生产准备费的工器具及办公家具购置费包括为满足电力工程投产初期生产、生活和管理需要，购置必要的家具、用具、标志牌、警示牌、标示桩等发生的费用。此类标牌是在正常施工验收之外，为了后期运行方便而加装的各种标识类铭牌，例如通常所说的调度号牌等，如图 4-3 所示。

图 4-3 调度号牌示意图

由于在该案例中，承包方在完成电气设备安装施工后，发包方要求其采购及悬挂的各类标识牌是供运行单位使用的，因此该费用属于生产准备费。

【解决建议】

发包方委托采购的供运行单位使用的标牌属于生产准备费，在建筑工程费、安装工程费、设备购置费、其他费用四大类费用中属于其他费用范围，因此根据合同约定原则，依据预算定额计算的施工费属于安装工程费范围，两者并不重复，发包方委托采购的标识牌等需另行计列费用。

4.2　施工企业配合调试费取费基数（DE-4-2）

【案例描述】

关于 35kV 及以上架空输电线路工程"施工企业配合调试费"的取费基数是否包括输电线路试运费，不同单位的理解存在偏差。

单位 A 认为"输电线路试运"属于调试定额子目，而调试定额规定取费时不计取"施工企业配合调试费"，输电线路工程中如果计列了"输电线路试运费"，则应在"施工企业配合调试费"的取费基数中扣除"输电线路试运费"。

单位 B 认为某些造价软件中线路工程"施工企业配合调试费"取费基数包括"输电线路试运费"，结算时也应如此考虑。

【案例分析】

根据《电网工程建设预算编制与计算规定》（2018 年版）中"附录 H 架空输电线路工程项目划分表"，"输、送电线路试运"属于"辅助工程"；同时，《电网工程建设预算编制与计算规定》（2018 年版）中"4 建设预算费用性质划分"中明确规定"架空输电线路工程的基础工程、杆塔工程、接地工程、架线工程、附件工程、辅助工程均列入安装工程费"；此外，《电力建设工程预算定额　第四册　架空输电线路工程》（2018 年版）中"第 7 章　辅助工程"也包含"输电线路试运"子目，见表 4-1。

表 4-1　　　　　　　　　　　　　　输　电　线　路　试　运

工作内容：受电前检查，线路参数测量，受电时回路定相、核相、电流、电压、测量、保护合环同期回路检查，
　　　　　冲击合闸试验，试运行，清理现场，工器具移运等。

定额编号			YX7-127	YX7-128	YX7-129	YX7-130	YX7-131	YX7-132	YX7-133
项目			110kV	220kV	330kV	±500kV、500kV	±660kV、750kV	±800kV、1000kV	±1100kV
单位			回	回	回	回	回	回	回
基价（元）			10 225.18	19 088.70	24 171.83	30 298.07	35 957.71	55 564.73	77 974.19
其中	人工费（元）		4925.83	8415.88	10 045.19	11 297.19	12 952.47	17 298.79	22 488.43
	材料费（元）		1920.75	4291.01	5721.35	8582.02	10 502.77	17 302.96	25 089.29
	机械费（元）		3378.60	6381.81	8405.29	10 418.86	12 502.47	20 962.98	30 396.47
名称		单位				数量			
人工	调试技术工	工日	32.406 8	55.367 6	66.086 8	74.323 6	85.213 6	113.807 8	147.950 2
计价材料	铜芯聚氯乙烯绝缘电线 25mm²	m	20.000 0	45.000 0	60.000 0	90.000 0	110.000 0	182.000 0	263.900 0
	铜芯聚氯乙烯绝缘电线 120mm²	m	20.000 0	45.000 0	60.000 0	90.000 0	110.000 0	182.000 0	263.900 0
	铜接线端子 25mm²	个	6.000 0	12.000 0	16.000 0	24.000 0	30.000 0	46.000 0	66.700 0
	铜接线端子 120mm²	个	6.000 0	12.000 0	16.000 0	24.000 0	30.000 0	46.000 0	66.700 0
	其他材料费	元	37.660 0	84.140 0	112.180 0	168.270 0	205.940 0	339.270 0	491.950 0
机械	汽车式起重机 起质量 16t	台班	0.627 5						

　　因此，根据"输电线路试运"项目划分及费用性质划分，输电线路试运费属于安装工程费。

　　根据《电网工程建设预算编制与计算规定》（2018 年版）中关于"施工企业配合调试费"的有关规定：

　　（1）施工企业配合调试费＝定额直接费×费率。

　　（2）35kV 及以下架空输电线路工程不列此项费用。

（3）施工企业配合调试费。

建筑工程及分系统调试、整套启动调试、特殊调试不计取本费用，亦不作为本费用的取费基数。

计算公式：

施工企业配合调试费＝定额直接费×费率（见表 4－2）

表 4－2　　　　　　　　施工企业配合调试费费率

工程类别	电压等级（kV）及费率（%）								
	110 及以下	220	330	500	750	1000	±500	±800	±1100
变电站、换流站	1.85	2.16	2.97	3.71	4.74	6.12	4.32	5.23	5.12
架空输电线路	1.06			0.78		0.52	0.85	0.55	0.51

注　1. 35kV 及以下架空输电线路工程不列此项费用。

2. 电缆输电线路工程、通信工程不列此项费用。

根据以上内容，关于 35kV 及以上架空输电线路工程"施工企业配合调试费"的取费基数是否包括输电线路试运费存在两类情况。

一是 35kV 架空输电线路工程不应计列"施工企业配合调试费"。

二是 35kV 以上架空输电线路工程"施工企业配合调试费"的取费基数为输电线路工程的定额直接费，即包含输电线路试运费。

【解决建议】

35kV 及以上架空输电线路工程"施工企业配合调试费"取费基数是否包括输电线路试运费应按具体电压等级来考虑：根据《电网工程建设预算编制与计算规定》（2018 年版）中关于"施工企业配合调试费"的有关规定，35kV 架空输电线路工程不应计列"施工企业配合调试费"；根据"输电线路试运"项目划分及费用性质划分，结合"施工企业配合调试费"的计算方式，35kV 以上架空输电线路工程"施工企业配合调试费"的取费基数包括输电线路试运费。

【延伸思考】

为什么 35kV 架空输电线路工程不列施工企业配合调试费？

根据《电力建设工程概预算定额使用指南 第五册 输电线路工程》中关于"输电线路试运"的使用说明明确提出"35kV 输电线路不计取输电线路试运费"，输电线路试运包括线路参数测量等工作内容，一般 110kV 及以上输电线路计列。因此，35kV 架空输电线路工程不列施工企业配合调试费。

4.3 封闭围挡费用（DE－4－3）

【案例描述】

某配网工程在市区进行施工，根据当地政府关于建设工程施工扬尘污染防治的要求，必须采用彩色围挡进行封闭设置，由于成本偏高，预算编制单位编制预算时单独考虑了该项费用，评审单位认为安全文明施工费已包含该费用，不应重复计费。

【案例分析】

根据《20kV 及以下配电网工程建设预算编制与计算规定使用指南》（2016年版）的相关规定，安全文明施工费是指根据国家及电力行业安全文明施工与健康环境保护规范，在施工现场所采取的安全生产、文明施工和环境保护措施所支出的费用。该费用按照建筑工程和安装工程不同费率计算，并且明确现场采用封闭围挡，高度不小于 1.8m，围挡材料可采用彩色、定型钢板，砖、混凝土砌块等墙体。由于近年来城市施工要求的安全文明程度越来越高，方式也多种多样，造成实际安全文明施工费用与按规定计取的费用产生一定差异，但是总体水平差距不大，因此应按照预算编制与计算规定计取安全文明施工费，不应再单独计取费用。

【解决建议】

针对在城市施工所采取的封闭围挡费用已经包含在安全文明施工费用中，建议按照《20kV 及以下配电网工程建设预算编制与计算规定》（2016 年版）计取安全文明施工费，不应再单独计取费用。

4.4 施工期规费费率调整（DE-4-4）

【案例描述】

某工程招标时社会保险费费率为 31.5%（包括养老保险、失业保险、医疗保险、生育保险、工伤保险），施工过程中工程所在地社保局等机构发文调整社会保险费，调整费率为 25.3%。工程结算时，施工单位认为其属于不可竞争性费用，只根据施工图计算工程量调整取费基数，其费率应执行招标费率，不调整；结算审核单位认为应据实调整。

【案例分析】

规费费率的变化应属于施工合同约定的合同价格调整范围中法律法规变化；社会保险费费率调整应依据合同调整规费。因工程施工期跨越两个费率执行时间，在结算过程中应按照工期进行调整。

【解决建议】

依据工程施工合同及相关法律法规，规费属于不可竞争性费用，结算过程中应根据工程工期及对应的规费费率，计算相应的规费。

【延伸思考】

建议建设管理单位、造价咨询单位及时关注造价相关政策文件的发布，构建造价相关法律法规库，并形成动态更新，从而达到对法律法规的全面了解和应用，保证工程结算费用的合理合法。

4.5 赶工费与夜间施工增加费的区别（DE-4-5）

【案例描述】

某工程承包方应发包方要求赶工期完成了项目，当承包方提供了签证单和相应的结算费用时，结算审核单位以赶工的夜间施工费与取费的措施费中的"夜间施工增加费"重复计列，认为赶工费不应重复结算，双方发生争议。

【案例分析】

结算审核单位在此犯了概念性错误。首先定额编制原则，对于工期的考虑前提，是正常合理工期，因此对于赶工可能造成的费用增加，定额未做考虑。

其次，措施费中的夜间施工增加费，是针对该工程（除线路工程，但不包括大跨越工程）中有按照施工规程、规范要求必须连续施工作业（每天需要 24h 连续施工）的工序，而在夜间施工给予的补助费（包含夜班补助、夜间施工降效、夜间施工照明设备摊销及照明用电等费用），该费用性质属于措施类费用，即不构成工程实体的费用;而赶工是因为缩短工期导致夜间加班作业,其内容是构成工程实体的。因此赶工费与夜间施工增加费是分属直接费和措施费的两种不同性质的费用。

应业主要求赶工(除按照施工规程规范的要求必须连续施工的工序)而发生的夜间施工及增加费已超出定额或者预规取费可以考虑的边界条件,因此需要另行支付。

【解决建议】

夜间施工增加费和赶工费是完全不同的两个概念。夜间施工增加费是措施费;而赶工费通常包含施工费及因此引起的措施费,属于综合性费用,赶工费用秉承谁主张谁承担的原则。由于施工单位自身原因导致赶工费用发生时,通常施工合同会约定不予调整,但由于发包方要求引起的赶工,应予以计算费用。

【延伸思考】

结算审核单位的思路,最大的错误是未考虑施工费与措施费的区别,而仅仅根据"夜间"的文字进行判断,这也是技术经济工作中最需要注意避免的问题,即以并非最重要的某些文字作为判断费用是否计列的原则。

4.6 冬雨季施工增加费计列争议(DE-4-6)

【案例描述】

某工程结算阶段,结算审核单位提出实际工期未经过冬季和雨季,因此不应计算冬雨季施工增加费费用,但施工单位强烈反对,由此造成结算争议。

【案例分析】

即使合同工期（实际施工期）没有跨越当地的冬季或（和）雨季季节，措施费中的冬雨季施工增加费都要计取。其主要原因有三个，第一，此项费用是带有互补性（全国分五类地区），我国幅员辽阔、地理和气候差异巨大，冬季长必然雨季就短，反之亦然，搭配使用费用较为合理；第二，作为措施费，尤其是设置在建筑工程费、安装工程费取费中的总价类措施项目，通常是在全国范围内均要发生的，但无法准确计量，才以总价项目出现，而且这类项目费用通常具有补偿性（补偿直接工程费的不足）；第三，其实此项费用中的"冬季"不是真正地理和气候上的冬季，其次是因为，这里所指的冬季是带有偶发和暂时性的"冬季"而设置的费用项目（往往实际不是在冬季施工）。

【解决建议】

措施类费用的费率为综合测定，使用时不建议擅自调整或取消，不建议做超出文件规定的个人演绎。

【延伸思考】

（1）地区类别的划分主要考虑当地的年平均气温和年内有效施工天数，至于地形、海拔和覆冰的影响，应该在地形增加系数、特殊地区增加费和设计技术条件中考虑，而不能与冬雨季施工增加费混为一谈。

（2）冬雨季施工增加费中不包括为确保工程质量而需要在冬季施工所采取的混凝土添加防冻剂费用。混凝土添加防冻剂费用按照定额的规定计算；防冻遮盖措施费用在冬雨季施工增加费中已经综合考虑。

（3）雨季施工的防雨遮盖措施费用在冬雨季施工增加费中已经综合考虑。

（4）冬雨季施工增加费中没有考虑台风、暴雨、暴风雪等极端恶劣天气影响，原因是：台风、暴雨、暴风雪等极恶劣天气均属于不可抗力范畴。

4.7　合同外委托项目税金调整（DE-4-7）

【案例描述】

某变电站工程，合同外业主委托跨通航河流评审费由施工单位代付，双方约定结算时按实际合同价格计入结算。由于通航评审需有相关的资质单位，施工单位委托第三方评审单位出版报告，施工单位与造价咨询单位对于第三方支付的费用是否需要增加税金，有争议。

【案例分析】

在营改增之初，此类争议很常见。由于施工单位对增值税流转方式理解有误，不了解增值税部分实际是在施工单位拿到发票后由其财务部门进行抵扣的，因此增值税发票上的税费，实际上并不会计入施工单位的成本；而很多施工单位做结算的造价人员和财务人员彼此信息不通，导致其造价人员不能理解这个概念，还是以营业税的思路来争执这个费用。

【解决建议】

涉及税率问题，对于合同外委托的服务项目，统一按除税价，开具 9% 税率的发票。

4.8　间隔扩建工程取费电压等级（DE-4-8）

【案例描述】

某 220kV 变电站 110kV 间隔扩建工程采用《电网工程建设预算编制与计算

规定》（2018 年版）编制施工图预算，对于施工机构迁移费等各项取费费率参照电压等级 220kV 还是 110kV，编制单位与评审单位发生争议。编制单位认为应按 220kV 费率执行；评审单位认为应以 110kV 费率执行。

【案例分析】

根据《电网工程建设预算编制与计算规定》（2018 年版），施工机构迁移费的计算公式为

$$施工机构迁移费＝取费基数×费率$$

施工机构迁移费费率见表 4-3。

表 4-3　　　　　　　　　　施工机构迁移费费率

工程类别		取费基数	电压等级（kV）及费率（%）								
			110 及以下	220	330	500	750	1000	±500	±800	±1100
变电站、换流站	建筑	直接工程费	0.35	0.34	0.30	0.29	0.28	0.27	0.28	0.27	0.26
	安装	人工费	9.32	9.19	7.62	6.69	6.59	6.11	6.32	5.97	5.93
架空输电线路		人工费	2.36	2.24	1.88	1.70	1.61	1.50	1.78	1.48	1.46
陆上电缆	安装	人工费	1.64								
海底电缆	安装	定额直接费	2.02								
通信工程	通信站建筑	直接工程费	0.28								
	通信站安装	人工费	5.22								
	光缆线路	人工费	1.89								

由表 4-3 可知，该费率表的变电站费率划分，是以"工程类别：变电站"及"电压等级及费率"来设置的，及以某电压等级的变电站进行区分。

该案例中是在 220kV 变电站中扩建 110kV 间隔，因此该变电站的电压等级是 220kV。

【解决建议】

按变电站电压等级 220kV 进行取费。

4.9　甲供装置性材料预算价是否作为取费基数（DE－4－9）

【案例描述】

某 220kV 变电站新建工程采用《电网工程建设预算编制与计算规定》（2018年版）编制电气安装工程预算，对于甲供装置性材料预算价是否作为安全文明施工费取费基数，编制单位与评审单位发生争议。编制单位认为甲供材应作为取费基数，评审单位认为甲供材不应作为取费基数。

【案例分析】

根据《电网工程建设预算编制与计算规定》（2018 年版），安全文明施工费的计算公式为

$$安全文明施工费 = 直接工程费 \times 费率$$

安全文明施工费费率见表 4－4。

表 4－4　　　　　　　　　安全文明施工费费率

工程类别	变电站（kV）		换流站（kV）		架空输电线路（kV）				电缆输电线路	通信工程
	500 及以下	750 及以上	±500	±800、±1100	500 及以下	750 及以上	±500	±800、±1100		
费率（%）	2.93	2.85	2.86	2.83	2.93	2.88	2.95	2.91	3.25	2.93

由表 4－4 可知，安全文明施工费的计算基数，是"直接工程费"，而根据《电网工程建设预算编制与计算规定》（2018 年版），直接工程费由人工费、材

料费和施工机械使用费构成，其中材料费包括装置性材料费和计价材料费两部分，因此甲供装置性材料费用理应作为取费基数。

【解决建议】

甲供装置性材料预算价应作为安全文明施工费取费基数。

第5章 其他定额使用和管理问题

除前四章介绍的定额基本使用原则之外，还有一些由于目前定额未包括的项目、工程的特殊情况、施工工艺特殊要求、发包方的管理方式等原因导致超出定额可以预见的范围时，需要额外计列或者另行调整的项目，此类情况由于较为特殊，本教材中仅能以笔者经验列举一些案例，通过案例分析来展示解决问题的思路和方法。学员在实际工作中遇到类似问题，可结合自身工作情况进行参考。

5.1 非开挖电缆施工（DE–5–1）

【案例描述】

新建 10kV 电缆线路工程，经过城市交通主干道，计划采用非开挖水平钻定向穿越，设计单位现场试钻后采样发现工程地质为岩石，经不同方位及深度试钻均无法贯穿和绕过岩石层，因此施工考虑采用金刚钻顶管施工工艺，但没有相应的定额可以套用，费用较难确定。

【案例分析】

根据该工程特点和《20kV 及以下配电网工程预算定额 第四册 电缆工程》相关规定，非开挖施工可以套用电缆配管工程中的非开挖水平钻定向穿越定额，考虑未计价材料并取费后费用较低，而实际施工中如遇到岩石地质会导致施工费用很高，两者差异很大。根据《20kV 及以下配电网工程预算定额使用指南》（2016 年版）相关规定，顶管及非开挖水平钻定向穿越定额，只是考虑了各种土质，但是未考虑石质情况，也没有给出石质调整系数和计算依据，造成遇到石质情况时，费用难以确定。

【解决建议】

建议根据岩石的风化等级和坚硬程度，编制不同石质的顶管及非开挖水平钻定向穿越定额，或者根据岩石的风化等级和坚硬程度增加不同等级的调整系数。

5.2　水磨钻施工费用（DE-5-2）

【案例描述】

某线路工程编制预算时，编制单位根据地质勘察资料确定存在岩石地质，并套用人工开凿岩石定额计算费用。但实际施工时施工单位为满足施工进度要求，私自采用水磨钻钻孔法进行施工，结算时申请增加费用；审核单位认为工程地质情况没有改变，不应增加费用，双方对此发生争议。

【案例分析】

根据《电力建设工程预算定额　第四册　架空输电线路工程》（2018 年版）相关规定，人工开凿岩石是指在变电站、发电厂、通信线、电力线、铁路、居民点以及国家级的风景区等附近受现场地形或客观条件限制，设计要求不能采用爆破施工者。人工开凿岩石定额已综合考虑采用人工或人工辅助风镐、水磨钻、扩张机等凿岩小型机具挖掘方式。该工程施工单位虽然采用了水磨钻钻孔法进行施工，但是人工开凿岩石定额已经涵盖该施工方式，因此不应该增加费用。

【解决建议】

按照《电力建设工程预算定额　第四册　架空输电线路工程》（2018 年版）规定，人工开凿岩石定额已综合考虑采用人工或人工辅助风镐、水磨钻、扩张机等凿岩小型机具挖掘方式。当采取不同施工方式时，并不能调整费用水平，因此施工单位在满足施工进度和质量的前提下，应考虑采用多种不同的施工方法，有效控制施工成本，避免费用过高。

5.3　合同外委托购买材料价的结算税率（DE-5-3）

【案例描述】

合同外委托中注明部分材料费用按施工单位购买的发票价结算，由于施工单位采用物资的发票税率为 13%，按工程税率的计价办法，工程税率为 9%，施工单位和造价单位的争议是按发票价直接结算，还是按除税费结算。

【案例分析】

根据《转发电力定额总站关于调整电力工程计价依据增值税税率的通知》（粤电定〔2019〕2 号）规定，为贯彻落实国家深化增值税改革的有关政策，电力定额总站发布了《电力工程造价与定额管理总站关于调整电力工程计价依据增值税税率的通知》（定额〔2019〕13 号），2019 年 4 月 1 日起严格执行新税率，建筑安装工程造价＝税前工程造价×（1+9%），其中 9% 为建筑业增值税税率，税前工程造价计费程序按相应规定文件执行。

按本通知规定，增值税额计算应按税前造价×增值税税率，造价咨询单位要求所有施工单位采购的物资都应按除税计费。

【解决建议】

增值税工程中，乙供材料均按税前造价计算。

5.4　10kV 线路无人机展放费用（DE-5-4）

【案例描述】

某 10kV 联络线工程因地势险峻、大档距、深处林区，经建设单位批准可以采用无人机展放导线，但配电网工程架空线路工程预算定额中没有定额子目可以使用。

【案例分析】

根据《电力建设工程预算定额　第四册　架空输电线路工程》（2018 年版）规定，导线架设预算定额分一般架设和张力架设两种架设方式，导线张力架设中的第一根引绳展放单独计列，分人力展放与飞行器展放两种，使用时应根据施工图设计要求和相关的施工技术规程规范、批准的施工组织设计选取定额；但是配电网工程预算定额中并没有根据导线架设的方式设置子目，造成实际施工与定额规定出现差异。因该工程由于施工条件所致，造成施工方式与 35kV 工程比较类似，因此计算费用时可参考主网工程预算定额。

【解决建议】

建议按照配电网工程进行取费，定额参考主网架空输电线路工程预算定额中导引绳展放人工展放和飞行器展放定额，按单回线路亘长计算工程量。

5.5　临时施工防护（隔离）、带电、停电特殊费用（DE－5－5）

【案例描述】

某扩建工程在施工时，施工单位对相应部位实施了临时施工防护工程（隔离）、带电、停电特殊措施。施工单位以招标工程量清单中无对应项目，并且投标报价时未对相应费用进行报价为理由，要求结算增加费用；结算审核时，依据合同相关条款核减该笔费用。

【案例分析】

根据该工程招标文件条款：附件 1 第 14 条约定 "承包人认为工程量清单之外需要增加的费用项目，可以结合自身情况在其他项目清单计价表中的 '其他' 中增列，费用为总价包干，结算时不予调整"。

根据该工程施工合同专用条款：16.2.3 第 2 条约定"按发包人要求在合同单独计列的费用由承包人承担。"。

因此施工单位未在投标报价时响应招标文件要求，未对承包范围内的工作内容进行报价，属于自身报价风险，在结算时不予调整。

【解决建议】

施工单位未在投标报价时响应招标文件要求，未对承包范围内的工作内容进行报价，属于自身报价风险，在结算时不予调整。

5.6　超供物资管理问题（DE－5－6）

【案例描述】

某 220kV 变电站新建工程：施工结算 50mm×5mm 铜排 9m、重量 19.98kg，甲供物资结算 113kg，超供 93.02kg；施工结算 60mm×8mm 铜排 16m68kg，甲供物资结算 107kg，超供 39kg；控制电缆 10mm^2×4 芯施工结算量为 950m，甲供物资结算 1500m，超供 550m。结算资料中未见甲供物资退库手续。

【案例分析】

由于施工结算与甲供物资结算分别开展，导致甲供物资结算不了解实际施工材料用量，在施工单位未主动退库的时候，无法发现超供甲供材料的问题。

【解决建议】

建议有条件的业主委托同一家咨询公司开展施工结算与甲供物资结算，可最大程度减少此类因沟通不畅产生的问题；没有条件同时委托时，可由施工结算审核单位提供甲供物资实际用量数据给物资结算单位。对剩余物资退库工作，应纳入对施工单位的考核范围。

施工单位应配合业主单位，在工程竣工投产后尽快完成剩余物资退库工作；监理单位应协助业主单位督促施工单位完成物资退库。

【延伸思考】

目前全国电力工程的甲供物资管理都是粗犷型，甲供物资到货后由施工单位领料，物资从甲方仓库出库一直到工程竣工投产的期间，甲方不参与物资管理工作，此处缺失了一个管理环节，即如何证明施工单位领用材料在工程实际使用量是多少。如果某个材料图纸用量为 100%，现场实际施工使用了 90%，竣工时施工单位未提出修改竣工图工作量，则结算审核按图纸审核是无法发现此问题的，通常可能涉及此问题的材料包括：电缆、导线、铜排等。

5.7　甲供材料领料数量超合理损耗量费用（DE-5-7）

【案例描述】

甲供材料领料数量超竣工图量加合理损耗量。施工单位未及时向建设管理单位书面汇报超供甲供材料，同时未及时履行备品备件或试验物资审批手续；建设管理单位应定期检查超供甲供材料是否按时回收及办理退料手续，试验或作为备品备件用量有没有相应支撑资料。

【案例分析】

超领甲供材料用于返还入库、预留备品备件、检验试验，施工单位应完善相应审批资料。针对自身管理问题造成甲供材料超领浪费，在工程结算时应扣除相关超领材料费用。

【解决建议】

甲供物资在采购时通常已按常规考虑了损耗增加材料用量，但施工单位由于自身工艺原因导致材料用量超出定额规定损耗时，超出的物资费用应由施工单位承担。

【延伸思考】

建设管理单位应定期复核甲供物资出库信息和物资退料相关信息是否及时更新。

材料损耗属于正常施工会发生的材料损失，当实际工程中约定某项材料由甲方提供时，甲方除正常提供该材料图纸用量外，还应同时按规定提供该材料的损耗量。

5.8　变电站电缆是否属于设备性材料（DE－5－8）

【案例描述】

某 220kV 变电站新建工程采用《电网工程建设预算编制与计算规定》（2018 年版）编制招标限价，对于主变压器与 220kV 配电装置连接使用的 220kV 电缆执行设备性材料还是装置性材料的取费，编制单位与评审单位发生争议。编制单位认为应按装置性材料执行，评审单位认为应按设备性材料执行。

【案例分析】

评审单位依据出处为《电网工程建设预算编制与计算规定》（2018 年版）4.5.5 电缆输电线路工程中，避雷器、接地箱、交叉互联及监测装置等属于设备。35kV 及以上电缆、电缆头（含压力箱）属于设备性材料，在编制建设预算时计入设备购置费。

由上可见，评审单位依据出处是基于电缆输电线路工程的某条规定，但在同章的变电站安装工程中并无此规定，该案例属于评审单位人为扩大了该规定的适用范围，张冠李戴，导致争议发生。

【解决建议】

变电站内使用的 35kV 及以上电缆，应按装置性材料执行相关取费。

【延伸思考】

《电网工程建设预算编制与计算规定》（2018 年版）及配套定额的每个条文的列项位置，都有其实际意义。比如定额的册说明适用于本册、章说明适用于本章、某定额说明适用于本定额等，使用者不应人为擅自扩大或缩小原则的适用范围。

5.9 10kV 开关柜母线桥属于设备还是材料（DE-5-9）

【案例描述】

某 220kV 变电站新建工程采用《电网工程建设预算编制与计算规定》（2018年版）编制招标限价，对于 10kV 开关柜母线桥执行设备还是装置性材料的取费，编制单位与评审单位发生争议。编制单位认为应按装置性材料执行，评审单位认为应按设备执行。

【案例分析】

编制单位依据出处为《电网工程建设预算编制与计算规定》（2018 年版）中 4.3.7 配电系统的断路器、电抗器、电流互感器、电压互感器、隔离开关属于设备，封闭母线、共箱母线、管形母线、软母线、绝缘子、金具、电缆、接线盒等属于材料。

评审单位依据出处为《电网工程建设预算编制与计算规定》（2018 年版）中 4.3.4 凡属于各生产工艺系统设备成套供应的，无论是由该设备厂供应，还是由其他厂家配套供应，或在现场加工配置，均属于设备。4.3.5 某些设备难以统一确定其组成范围或成套范围的，应以制造厂的文件及其供货范围为准，凡是制造厂的文件上列出，且实际供应的，应属于设备。

根据评审单位与建设单位落实 10kV 开关柜母线桥的供货厂家，确定是由 10kV 开关柜厂家成套供货，因此适用于 4.3.4、4.3.5 的规定。

【解决建议】

随10kV开关柜厂家成套供货的10kV开关柜母线桥应视为设备，按设备购置费原则执行取费。

【延伸思考】

该案例是一个典型的因工程管理引申出的情况，目前全国电力工程在初步设计阶段，10kV母线桥都是由设计根据经验预估长度，在10kV开关柜物资订货后，由开关柜厂家根据自身产品尺寸才能确定10kV进线柜具体位置，并根据进线位置确定10kV开关柜母线桥的走向和长度。这也是10kV开关柜必须和10kV开关柜母线桥成套供货的原因，因为分开供货很容易产生尺寸不符无法连接的情况。根据《电网工程建设预算编制与计算规定》（2018年版）相关内容，随设备成套供货的材料属于设备费的组成部分，因此此类材料均需要按设备费的原则执行。

5.10　输电电缆运输费用计算（DE-5-10）

【案例描述】

某220kV电缆线路工程编制施工图预算时，对于输电电缆运输费用如何计算，编制单位与评审单位发生争议。编制单位认为应按装置性材料工地运输计算；评审单位认为应按设备运杂费计算。

【案例分析】

根据《电网工程建设预算编制与计算规定》（2018年版）中关于电缆输电线路工程费用性质划分的规定，电缆输电线路工程中，避雷器、接地箱、交叉互联及监测装置等属于设备。35kV 及以上电缆、电缆头（含压力箱）属于设备性材料，在编制建设预算时计入设备购置费。设备购置费包括设备费和设备运杂费。计算公式：设备购置费＝设备费＋设备运杂费。因此该工程中的电缆应计入设备购置费，同时按照设备购置费的计算方式计算费用。

【解决建议】

根据《电网工程建设预算编制与计算规定》（2018 年版），35kV 及以上电缆输电线路工程的输电用电缆计入设备购置费，并根据规定费率计算设备运杂费；但当场内发生二次运输时，建议可按装置性材料工地运输计算相应运输费用。

5.11　社会保险费与规费证关系（DE－5－11）

【案例描述】

某 220kV 变电工程按照《电网工程建设预算编制与计算规定》（2018 年版）编制施工图预算，对于社会保险费费率参照当地社会及保障部门的文件还是当地地方定额站发布的规费证，编制单位与评审单位发生争议。编制单位认为应按当地社会及保障部门的文件执行；评审单位认为应按地方定额站发布的规费证执行。

【案例分析】

根据《电网工程建设预算编制与计算规定》（2018 年版），规费是指按照国家行政主管部门或省级政府和省级有关权力部门规定必须缴纳并计入建筑安装工程造价的费用，包括社会保险费和住房公积金，其他应列而未列入的规费，按实际发生计取。

【解决建议】

当采用《电网工程建设预算编制与计算规定》（2018 年版）编制施工图预算时，应按本文件规定的国家行政主管部门或省级政府和省级有关权力部门（即当地社会及保障部门）或各省公司电力定额站发布的相关文件执行。

【延伸思考】

随着国家强制企业按标准缴纳社保后，规费证正在逐步取消。但该案例有很实际的代表意义，即电力定额的使用者无法分清电力行业定额与住建部地方定额的区别，从而导致不同定额管理机构的文件互相混用，费用计算不伦不类的结果。规费证由于是地方定额管理部门的测算数据，但由于电力定额人工费构成与地方定额不同，因此规费证这种测算费率是不能取代当地社会及保障部门的相关文件的。

5.12　防疫措施费用如何计列（DE-5-12）

【案例描述】

2020 年新冠肺炎疫情期间，某变电站新建工程承包方，提出因防疫措施导致费用发生，要求发包方额外支付费用；但发包方以 2018 年项目招标时的招标文件条款中有要求承包方考虑防疫因素的情况，拒绝承包方要求，双方发生争议。

【案例分析】

该工程招标时为 2018 年，其时未发生新冠疫情，因此新冠肺炎疫情的发生并不属于施工单位根据经验可以预见到的情况，招标文件所指的防疫应为致病原因已明确、防疫措施已明确的其他常见疫情的防护行为（如鼠疫等）。

由于新冠疫情初发阶段，对于该疫情的防疫方法不了解，全国也处于摸索尝试并逐步研究办法的阶段，因此其防疫措施相较于其他常见疫情的防护更为严格，所以发包方不能以简单的承包方可以自行考虑来推卸自身责任。

【解决建议】

根据《电力工程造价与定额管理总 站关于发布应对新型冠状病毒肺炎疫情期间电力工程项目费用计列和调整指导意见的通知》（定额〔2020〕6 号），并结合国家以及各省市或地区相关规定，按照工程实际情况，进行相关费用计列和调整。

5.13　过河电缆桥（桥箱）的费用性质划分（DE-5-13）

【案例描述】

某双回路 110kV 电缆线路工程，在经过小河处设计有 36m 电缆桥（桥箱）一座，质量为 28.20t，由钢板焊接而成，电缆桥（桥箱）由中间 2 根桩基础，两端现浇基础作为支撑，并由建筑专业出图。设计单位编制施工图预算时列入安装工程；评审单位认为应列入建筑工程。

【案例分析】

根据《电网工程建设预算编制与计算规定》（2018 年版）中的陆上电缆输电线路工程项目划分表，混凝土栈桥，钢结构栈桥等桥体，栈桥、桥架等基础，不包括建筑物基础均属于建筑工程，而各种材质的支架、吊架、梯架、槽架、托盘等属于安装工程。设计单位认为该工程所采用的电缆桥（桥箱）属于电缆桥架，与安装工程中的"电缆桥、支架制作安装"相符，应列入安装工程；但是该电缆桥为桥箱或箱涵，起到结构性的支撑作用，类似钢结构栈桥，且由建筑专业出图。因此不能列入安装工程，应列入建筑工程。

【解决建议】

按照《电网工程建设预算编制与计算规定》（2018 年版）中的陆上电缆输电线路工程项目划分表相关规定，并根据过河电缆桥（桥箱）形式和结构以及出图专业等，可以判断该工程的过河电缆桥（桥箱）应属于建筑工程。

5.14　前期工作费计列（DE–5–14）

【案例描述】

某 110kV 交流输电线路工程，路径长度为 18km，设计单位编制预算时将前期工作费用中的环境影响评价费用按 10 万元计列，评审单位认为不符合《关于落实〈国家发展改革委关于进一步放开建设项目专业服务价格的通知〉（发改价格〔2015〕299 号）的指导意见》（中电联定额〔2015〕162 号）规定，其费用应为 5 万～8 万元。

【案例分析】

根据《关于落实〈国家发展改革委关于进一步放开建设项目专业服务价格的通知〉（发改价格〔2015〕299 号）的指导意见》（中电联定额〔2015〕162 号）中电力建设工程项目前期工作费等专业服务费用计列的指导意见，该指导意见适用于 35～1000kV 交流输变电工程和 ±800kV 及以下直流工程，具体包括四项费用，分别为项目前期工作费（含环境影响评价费）、勘察设计费、招标代理费和工程监理费，本指导意见之外工程确需增减项目或调整费用，应根据有关规定和工程实际情况协商确定。其中，项目前期工作费涵盖了多项相关费用及其标准，因工程本身及各建设单位存在地域性差异等原因，如果设计单位未与建设单位进行沟通，获取充分资料，项目前期工作费的计列内容很容易存在偏差。该文件规定环境影响后评价费用当为路径小于 20km 的交流输电线路工程，其费用应为 5 万～8 万元，上述工程计列 10 万元环境影响评价费用，明显不符合文件规定。

【解决建议】

建议造价管理人员加强学习造价相关文件规定与要求，设计单位加强与建设单位的沟通交流，概预算中的项目前期工作费应按照《关于落实〈国家发展改革委关于进一步放开建设项目专业服务价格的通知〉（发改价格〔2015〕299号）的指导意见》（中电联定额〔2015〕162 号）规定或国家电网有限公司相关规定计列，结算根据工程实际情况按照合同计列。

5.15　工程监理费计列（DE‑5‑15）

【案例描述】

某输电线路工程，预算编制单位在编制预算时依据《关于落实〈国家发展改革委关于进一步放开建设项目专业服务价格的通知〉（发改价格〔2015〕299号）的指导意见》（中电联定额〔2015〕162 号）的规定计算了全过程监理费用，评审单位认为应扣除占比 15%的勘察阶段、设计阶段和保修阶段的监理费；监理单位只能获取剩余阶段的监理费，双方产生争议。

【案例分析】

根据《关于落实〈国家发展改革委关于进一步放开建设项目专业服务价格的通知〉（发改价格〔2015〕299 号）的指导意见》（中电联定额〔2015〕162号）中电力建设工程项目前期工作费等专业服务费用计列的指导意见，工程监理费是指依据国家、行业有关规定及规范要求，委托工程监理机构对建设项目全过程实施监理所支付的费用；监理全过程包括勘察、设计、施工及保修四个阶段，各阶段参考比例为勘察阶段 3%、设计阶段 10%、施工阶段 85%、保修阶段 2%。

全过程监理的工作范围如下：勘察阶段协助业主编制勘察要求、选择勘察单位，核查勘察方案并监督实施和进行相应的控制，参与验收勘察成果；设计阶段协助业主编制设计要求、选择设计单位，组织评选设计方案，对各设计单位进行协调管理，监督合同履行，审查设计进度计划并监督实施，核查设计大纲和设计深度、使用技术规范合理性，提出设计评估报告（包括各阶段设计的核查意见和优化建议），协助审核设计概算；施工阶段：施工过程中的质量、进度、费用控制，安全生产监督管理，合同、信息管理及现场协调；保修阶段：检查和记录工程质量缺陷，对缺陷原因进行调查分析并确定责任归属，审核修复方案，监督修复过程并验收，审核修复费用。

由于勘察设计单位的招投标工作在选定监理单位之前已经完成，并且监理单位一般并不参与勘察阶段的监理，在设计阶段一般也不会开展协助业主编制设计要求、选择设计单位等监理工作，因此应扣除占比 13%的勘察阶段和设计阶段监理费。

根据监理合同范本中监理服务范围"工程施工准备（含'三通一平'）、

施工、竣工结算、缺陷责任期、达标投产创优、电子化移交阶段的监理服务工作"的规定，可以判定通常监理范围包括缺陷责任期，不包括保修阶段，并且监理单位在保修阶段不开展相应的工作，因此也应扣除保修阶段 2% 的监理费。

【解决建议】

工程监理费应按照《关于落实〈国家发展改革委关于进一步放开建设项目专业服务价格的通知〉（发改价格〔2015〕299 号）的指导意见》（中电联定额〔2015〕162 号）文件规定，并根据工程实际情况计列费用。电网工程的监理单位一般不会开展勘察阶段、设计阶段和保修阶段的监理工作，因此应扣除占比 15% 的勘察、设计、保修阶段监理费；如果监理单位在勘察设计工作之前就已经招标并可以提供勘察设计阶段的监理资料，则应该按 98% 计取监理费；如果未参与勘察设计阶段的监理工作，则按 85% 计取监理费。

5.16　设备监造费取费基数（DE-5-16）

【案例描述】

某工程采用《电网工程建设预算编制与计算规定》（2018 年版）编制施工图预算，对于设备监造费的取费基数，编制单位与评审单位发生争议。编制单位认为应以设备购置费作为基数；评审单位认为应以"需监造的设备"的设备购置费作为基数。

【案例分析】

根据《电网工程建设预算编制与计算规定》（2018 年版）设备材料监造范

围：变压器、电抗器、断路器、隔离（接地）开关、组合电器、串联补偿装置、换流阀、阀组避雷器等主要设备，以及220kV及以上电力电缆，如扩大范围对其他设备进行监造、监制时，本项费用不调整。500kV及以上架空输电线路工程材料如发生监造，按相关规定另行计列。

计算公式：设备材料监造费=设备购置费×费率。

设备材料监造范围是整个工程的其中一部分物资，而并非全部物资，但预规中的计算公式是以"设备购置费"为基数。

而《电网工程建设预算编制与计算规定》（2018年版）中对于"设备购置费"的定义：设备购置费是指为项目建设而购置或自制各种设备，并将设备运至施工现场指定位置所支出的费用，包括设备费和设备运杂费。该定义在《电网工程建设预算编制与计算规定》（2018年版）中有且只有一个，因此评审单位的主张："该公式的设备购置费即监造设备的购置费的理念"是不成立的。

【解决建议】

计算公式：设备材料监造费=设备购置费×费率。该设备购置费指整个工程的设备购置费，并非某个小集合的设备购置费。

【延伸思考】

评审单位的思路其实还可以用其他方式去推敲，例如如果评审单位思路为真，则预规中定义的设备购置费即同时代表工程"全部"设备的购置费和其中一部分（即需要监造的）设备的购置费，那么所有以设备购置费做基数进行取费的项目的基数到底是哪个呢？这显然是一个悖论，无法成立。

5.17　配电网工程简易计税（DE－5－17）

【案例描述】

配电网工程的施工单位很多是小规模纳税人，应按照简易计税的方式计算增值税，但是 20kV 及以下配电网工程计价依据只适用于增值税一般计税方式的情况，并不能满足目前的配电网工程计价要求。

【案例分析】

增值税计税方法，包括一般计税方法和简易计税方法。增值税一般纳税人适用一般计税方法，即销项税额扣减进项税额的计税方法，应纳税额为当期销项税额抵扣当期进项税额后的余额，其计算公式为：应纳税额＝当期销项税额－当期进项税额。当期销项税额小于当期进项税额不足抵扣时，其不足部分可以结转下期继续抵扣；小规模纳税人提供应税服务的，可按照销售额和征收率计算应纳税额，同时不得抵扣进项税额，其应纳税额计算公式为：应纳税额＝销售额×征收率。

根据电力工程造价与定额管理总站发布的《关于发布增值税简易计税方式下 20kV 及以下配电网工程计价调整办法的通知》（定额〔2020〕46 号）文件，简易计税的税金＝税前造价（含进项税）×征收率（3%），并且规定了简易计税方式下 20kV 及以下配电网工程定额材料费、施工机械使用费综合调整系数，建筑安装工程取费项目调整系数，有效满足了增值税简易计税方式工程计价的需求。

【解决建议】

根据《关于发布增值税简易计税方式下 20kV 及以下配电网工程计价调整

办法的通知》（定额〔2020〕46 号）文件，简易计税的税金＝税前造价（含进项税）×征收率（3%），同时按照规定调整定额材料费、施工机械使用费以及取费项目。建筑安装工程费中的未计价材料预算价格应为含税价格；材料和施工机械进行价差调整时均应按含税价格计算，并按照电力工程造价与定额管理总站发布的价格水平调整办法和调整系数执行。

参 考 文 献

[1] 国家能源局. 电网工程建设预算编制与计算规定（2018 年版）[M]. 北京：中国电力出版社，2020.

[2] 国家能源局. 电力建设工程概算定额（2018 年版）[M]. 北京：中国电力出版社，2020.

[3] 国家能源局. 电力建设工程预算定额（2018 年版）[M]. 北京：中国电力出版社，2020.

[4] 电力工程造价与定额管理总站. 电网工程建设预算编制与计算规定使用指南（2018 年版）[M]. 北京：中国标准出版社，2020.

[5] 电力工程造价与定额管理总站. 电力建设工程概预算定额使用指南（2018 年版）[M]. 北京：中国建材工业出版社，2020.

[6] 国家能源局. 20kV 及以下配电网工程定额和费用计算规定（2016 年版）[M]. 北京：中国电力出版社，2017.

[7] 电力工程造价与定额管理总站. 20kV 及以下配电网工程建设预算编制与计算规定使用指南（2016 年版）[M]. 北京：中国电力出版社，2020.

[8] 电力工程造价与定额管理总站. 20kV 及以下配电网工程概算定额使用指南（2016 年版）[M]. 北京：中国电力出版社，2020.

[9] 电力工程造价与定额管理总站. 20kV 及以下配电网工程预算定额使用指南（2016 年版）[M]. 北京：中国电力出版社，2020.